CREATIVE THINKING!

아이앤아이 영재교육원 대비

꾸러미 120제

수학

초등 1~3

KB206552

세상은 재미난 일로 가득 차 있지요!

무엇부터 할까?

친구들 안녕!

잠 좀 깨우지 않기!

꾸러미 동산에 잘 오셨어요!

영재교육원 대비를 위한 ...

 영재란, 재능이 뛰어난 사람으로서 타고난 잠재력을 개발하기 위해 특별한 교육이 필요한 사람이고, 영재교육이란, 영재를 발굴하여 타고난 잠재력을 개발할 수 있도록 도와주는 것이다.

 영재교육에 관해 해가 갈수록 관심이 커지고 있지만, 자녀를 영재교육원에 보내는 방법을 정확하게 알려주는 교재는 많지 않다. 또한, 영재교육원에서도 정확한 기준 없이 문제를 내기 때문에 영재교육원을 충분하게 대비하기는 쉽지 않다. 영재교육원 선발 시험 문제의 30% ~ 50% 가 실생활에서의 경험을 근거로 한 문제로 구성된다. 그런데 어디서 쉽게 볼 수 있는 문제는 아니므로 기출문제를 공부할 필요가 있다. 기출문제 풀이가 시험 대비의 정답은 아니지만, 유사한 문제들을 많이 접해보면서 새로운 문제를 보았을 때, 당황하지 않고, 문제의 실마리를 찾아서 응용하는 연습을 하는 것이다. 창의력 문제들을 해결하기 위해서는 본 교재를 통한 충분한 연습이 필요할 것이다.

 '영재교육원 대비 꾸러미 120제 수학, 과학' 은 '영재교육원 대비 수학·과학 종합대비서 꾸러미' 에 이어서 학년별 풍부한 문제를 수록하고 있다. 영재교육원 영재성 검사(수학/과학 분리), 새롭고 신유형의 창의적 문제 해결력 평가, 심층 면접 평가 등으로 구성되어 있어 충분한 창의적 문제 해결 연습이 가능하다. 또한, 실제 생활에서 나타날 수 있는 다양한 현상과 이론을 실전 문제와 연계해 여러 방향으로 해결할 수 있어 영재교육원 모든 선발 단계를 대비할 수 있도록 하였다.
혼자서 해결할 수 없는 문제는 해설을 통하여 생각의 부족한 부분을 채우고, 다른 방법을 유추하여 해결할 수 있도록 도와준다.

 '영재교육원 수학·과학 종합대비서 꾸러미' 와 '꾸러미 120제', ' 꾸러미 48제 모의고사' 를 통해 영재교육원을 대비하는 아이들과 부모님에게 새로운 희망과 열정이 솟는 시작점이 되길 바라며, 내재한 잠재력이 분출되길 기대해 본다.

무한상상

영재교육원에서 영재학교까지

01. 영재교육원 대비

영재교육원 대비 교재는 '영재교육원 대비 수학·과학 종합서 꾸러미', 꾸러미 120제 수학 과학, 꾸러미 48제 모의고사 수학 과학, 학년별 초등 아이앤아이(3·4·5·6학년), 중등 아이앤아이(물·화·생·지)(상,하) 등이 있다. 각자 자기가 속한 학년의 교재로 준비하면 된다.

초등영재 [초등대상 영재교육원 지원자]

- 꾸러미 1·2·3학년 + 꾸러미 120제 초등1~3 / 꾸러미 48제 모의고사 + 아이앤아이 초3, 과학도서
- 꾸러미 4·5학년 + 꾸러미 120제 초등4~5 / 꾸러미 48제 모의고사 + 아이앤아이 초4,5, 과학도서
- 꾸러미 6학년 + 꾸러미 120제 초6~중등 / 꾸러미 48제 모의고사 + 아이앤아이 초6, 과학도서

중등영재 [중등대상 영재교육원 지원자]

- 꾸러미 중등 + 꾸러미120제 초6~중등 / 꾸러미 48제 모의고사 초6~중등 + 과목별 중등 아이앤아이 / 과학도서

02. 영재학교/과학고/특목고 대비

영재학교/과학고/특목고 대비 교재는 세페이드 1F(물·화), 2F (물·화·생·지), 3F (물·화·생·지), 4F (물·화·생·지), 5F(마무리), 중등 아이앤아이(물·화·생·지) 등이 있다.

	세페이드 1F	세페이드 2F	세페이드 3F	세페이드 4F	세페이드 5F		
현재 5·6학년	주 1~2회 6~9개월 과정	주 2회 9개월 과정	주 3회 8~10개월 과정	주 3회 6개월 과정	주 4회 2~3개월 과정	+중등 아이앤아이 (물·화·생·지)	총 소요시간 31~36개월
현재 중 1학년		주 3회 6개월 과정	주 3회 8개월 과정	주 3회 6개월 과정	주 3~4회 3개월 과정	+중등 아이앤아이 (물·화·생·지)	총 소요시간 약 24개월
현재 중 2학년		3개월 과정	4개월 과정	4개월 과정	2개월 과정	+중등 아이앤아이 (물·화·생·지)	총 소요시간 약 13개월

영재교육원은 어떤 곳인가요?

▶ 영재학급

초·중·고 각급 학교에서 대상자들을 선발하여 1개 학급 정도로 운영하는 영재반이다. 특별활동, 재량활동, 방과후, 주말 또는 방학을 이용한 형태로 운영되고 있으며, 각 학교 내에서 독자적으로 운영하거나 인근의 여러 학교가 공동으로 참여하여 운영하는 형태도 있다.

▶ 영재교육원

영재교육원은 크게 각 지역 교육청(교육지원청)에서 운영하는 경우와 대학 부설로 운영하는 경우가 있으며, 그 외에 과학고 부설로 운영하는 경우, 과학 전시관에서 운영하는 경우, 기타 단체 소속인 경우도 있다. 주로 방과후, 주말 또는 방학을 이용한 형태로 운영하고 있다.

영재 교육 기관 구분	선발 방법		선발 시기
	방법	GED 적용	
교육지원청 영재교육원	교사관찰·추천	GED 적용	9월 ~ 12월
과학전시관 영재교육원			
단위 학교 영재 교육원(예술 분야 제외)			
단위 학교 영재 학급(예술 분야)		GED 미적용	3월 ~ 4월
단위 학교 영재 학급			
대학부설 및 유관기관 영재교육원			9월 ~ 이듬해 5월

	영재교육원		영재학급	계
	교육청	대학부설		
기관수	252	85	2,114	2,451
영재교육을 받고 있는 학생 수	33,640	10,272	58,472	102,384
영재교육을 받고 있는 학생 비율	30.8%	9.4%	53.5%	93.7%

▲ 영재교육 기관 현황

▶ 영재교육 대상자 선발

영재 선발 방법은 어느 수준의 영재를 교육 대상으로 설정하느냐가 모두 다르기 때문에 영재 교육 기관(영재학교, 영재학급, 영재교육원)에 따라 선발 방법이 조금씩 다르다. 교육청 영재교육원에서만 한국교육개발원에서 개발한 영재행동특성 체크리스트(영재성 검사)를 이용하고, 다른 기관에서는 영재성 검사 도구를 자체 개발하여 선발에 사용한다.

영재교육원의 선발은 어떻게 진행되나요?

▶ GED(Gifted Education Database) 시스템

홈페이지 주소 : http://ged.kedi.re.kr

GED란 국가차원에서 영재의 선발·추천 및 영재 교육에 관련된 자료를 관리하기 위한 데이터 베이스이다. GED 사이트를 통해서 학생들은 영재교육 기관에 지원하고, 교사들은 학생을 추천하며, 영재교육기관에서는 이들을 선발한다.

▶ GED를 활용한 선발 과정(표준선발안)

단계	세부 내용	담당	기관
지원	지원서 작성 : 학생이 GED 시스템에서 온라인 지원 ① GED 회원 가입 후 영재교육기관 선택 ② 지원서 작성 및 자기체크리스트 작성	학생/ 학부모	학생/ 학부모
추천	– 담임 교사가 GED 시스템에서 담당 학생의 체크리스트 작성 – 학교추천위원회에서 명단 확인 및 추천	담임/ 추천 위원회	소속 학교
창의적 문제 해결력 평가	각 영재교육기관에서 진행하는 창의적 문제 해결력 평가 ① 대상 : GED를 통한 학교추천위원회 추천자 전원 ② 미술, 음악, 체육, 문예 분야는 실기 평가 포함	평가위원	영재교육기관
면접 평가	각 영재교육기관에서 진행하는 심층 면접 평가	평가위원	영재교육기관

★ 대학부설 영재교육원은 GED를 이용하여 학생을 선발하지 않고 별도의 선발 과정을 거친다.

▶ GED 시스템 선발 흐름도

학생	교원	학교추천위원	영재교육기관
· 온라인 지원서 작성 (GED) · 창의인성 체크리스트 작성 (GED) · 지원서 출력 후 담임께 제출	· 담임반 학생 지원서 취합 (GED) · GED 명단 확인 · 영재행동특성 체크 리스트 작성 (GED) · 학생 추천 (GED)	· 학교 추천자 명단 확인 (GED) · 담임 교사의 체크 리스트 확인 (GED) · 학생 추천 여부 심의 및 추천 (GED)	· 학생 추천 자료 검토 (GED) · 창의적 문제 해결력 평가 실시 · 심층 면접 평가 실시 · 자료를 종합하여 최종 선발

영재교육원의 선발은 어떻게 진행되나요?

▶ 선발 방식의 이해

1단계는 교사 추천, 2단계는 영재성 검사에 의한 선별, 3단계에서는 창의적 문제 해결력 평가(영역별 학문적성검사) 실시, 최종 단계에서는 심층 면접을 통해서 선발하고 있다.

단계	특징
관찰 추천	교사용 영재행동특성 체크리스트, 각종 산출물, 학부모 및 자기소개서, 교사 추천서등을 활용하여 평가하는 단계
창의적 문제 해결력 평가	창의성, 언어, 수리, 공간 지각에 대한 지적 능력을 평가하는 단계로 정규 교육 과정상의 내용에 기반을 두면서 사고 능력과 창의성을 측정하는 것을 기본 방향으로 한다.
심층 면접	이전 단계에서 수집된 정보로 확인된 학생의 특성을 재검증하고, 심층적으로 파악하는 단계로 예술 분야는 실기를 하거나 수학이나 과학에 대한 실험 평가를 할 수도 있다.

각 소재 지역별 영재교육원 선발 과정

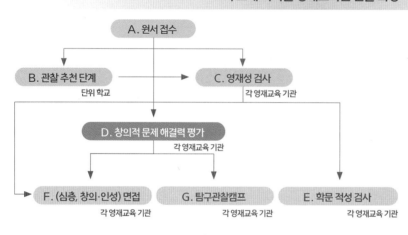

소재 지역	선발 과정
서울, 경기	A→B→D→F
충남	A→B→C
전남	A→D→F
목포	A→D→G
경남	A→C→D→F
경북	A→B→C→D→F
세종, 부산	A→B→C
강원도, 광주, 전북, 충북	A → C → F

심층 면접 과정의 예

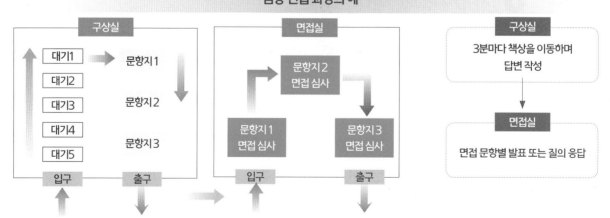

★ 각 지역별로 선발 과정이 다르므로 반드시 해당 영재교육원 모집 공고를 확인해야 한다.

★ 동일 교육청 소속 영재 교육원은 중복 지원할 수 없으며, 대학부설 영재교육원 합격자는 교육청 소속의 영재교육원에 중복 지원할 수 없다.

각 선발 단계를 **준비하는 방법**

▶ 교사 추천

교사는 평소 학교생활이나 수업시간에 학생의 심리적인 특성과 행동을 관찰하여 학생의 영재성을 진단하고 평가한다. 특히, 창의성, 호기심, 리더십, 자기주도성, 의사소통 능력, 과제집착력 등을 평가한다. 따라서 교사 추천을 받기 위한 기본적인 내신 관리를 해야 하며 수업태도, 학업성취도가 우수하여야 한다. 교과 내용의 전체 내용을 이해하고 문제를 통해 개념을 정리한다. 이때 개념을 오래 고민하고, 깊이 있게 이해하여 스스로 문제를 해결하는 능력을 키운다.

수업시간에는 주도적이고, 능동적으로 수업에 참여하고, 과제는 정해진 방법 외에도 여러 가지 다양하고 새로운 방법을 생각하여 수행한다. 수업 외에도 흥미를 느끼는 주제나 탐구를 직접 연구해 보고, 그 결과물을 작성해 놓는다.

▶ 영재성 검사

잠재된 영재성에 대한 검사로, 영재성을 이루는 요소인 창의성과 언어, 수리, 공간 지각 등에 대한 보통 이상의 지적 능력을 측정하는 문항들을 검사지에 포함시켜 학생들의 능력을 측정한다. 평소 꾸준한 독서를 통해 기본 정보와 새로운 정보를 얻어 응용하는 연습으로 내공을 쌓고, 서술형 및 개방형 문제들을 많이 접해 보고 논리적으로 답안을 표현하는 연습을 한다. 꾸러미시리즈에는 기출문제와 다양한 영재성 검사에 적합한 문제를 담고 있으므로 풀어보면서 적응하는 연습을 할 수 있다.

▶ 창의적 문제 해결력(학문적성 검사)

창의적 문제 해결력 검사는 수학, 과학, 발명, 정보 과학으로 구성되어 있으며, 사고 능력과 창의성을 측정하는 것을 기본 방향으로 하여 지식, 개념의 창의적 문제해결력을 측정한다. 해당 학년의 교육과정 범위 내에서 각 과목의 개념과 원리를 얼마나 잘 이해하고 있는지 측정하는 검사이다. 심화 학습과 사고력 학습을 통해 생각의 깊이와 폭을 확장시키고, 생활 속에서 일어나는 일들을 학습한 개념과 연관시켜 생각해 보는 것이 중요하다. 꾸러미시리즈는 교육과정 내용과 심화 학습, 창의력 문제를 통해 기본 개념은 물론, 창의성을 넓게 기를 수 있도록 도와주고 있다.

▶ 심층 면접

심층 면접을 통해 영재 교육 대상자를 최종 선정한다. 심층 면접은 영재 행동특성 검사, 포트폴리오 평가, 수행평가, 창의인성검사 등에서 제공하지 못하는 학생들의 특성을 역동적으로 파악할 수 있는 방법이고, 기존에 수집된 정보로 확인된 학생의 특성을 재검증하고, 학생의 특성을 심층적으로 파악하는 과정이다. 이 단계에서 예술 분야는 실기를 실시할 수도 있으며, 수학이나 과학에 대한 실험을 평가하는 등 각 기관 및 시도교육청에 따라 형태가 달라질 수 있다.

면접에서는 평소 관심 있는 분야나 자기 소개서, 창의적 문제 해결력 문제의 해결 과정에 대해 질문할 가능성이 높다. 따라서 평소 자신의 생각을 논리적으로 표현하는 연습이 필요하다. 단답형으로 짧게 대답하기 보다는 자신의 주도성과 진정성이 드러나도록 자신있게 이야기하는 것이 중요하다. 자신이 좋아하는 분야에 대한 관심과 열정이 드러나도록 이야기하고, 평소 육하원칙에 따라 말하는 연습을 해 두면 많은 도움이 된다.

이 책의 구성과 특징

'영재교육원 대비 꾸러미120제' 는 영재교육원 선발 방식, 영재성 평가, 창의적 문제 해결력 평가, 학문적성 검사, 심층 면접의 각 단계를 풍부한 컨텐츠로 평가합니다. 자기주도적인 학습으로 각 단계를 경험해 보세요.

PART 1. 영재성 검사

영재성 검사 영역을 1. 일반 창의성 2. 언어/추리/논리 3. 수리논리 4. 공간/도형/퍼즐 5. 과학 창의성 으로 나누었습니다.
'꾸러미 120제 수학' 에서는 2. 언어/추리/논리, 3. 수리논리 4. 공간/도형/퍼즐 세가지 영역의 문제를 내고 있고,
'꾸러미 120제 과학' 에서는 1. 일반 창의성 2. 언어/추리/논리 5. 과학 창의성 세가지 영역의 문제를 내고 있습니다.

PART 2. 창의적 문제해결 수학

각 선발시험의 기출문제를 기반으로 하고, 신유형 /창의 문제를 추가하여 단계별로 문제를 구성하였고 문제별로 상, 중, 하 난이도에 따라 점수 배분을 다르게 하고 스스로 평가할 수 있게 하여 단원 말미에 성취도를 확인할 수 있습니다.

PART 3. STEAM / 심층면접

과학(S), 기술(T), 공학(E), 예술(A), 수학(M)의 융합형 문제를 출제하여 복합적으로 사고할 수 있도록 하였고, 영재교육원의 면접방식에 따른 기출문제로 면접 유형을 익히고 서술 연습할 수 있도록 하였습니다.

CONTENTS
차례

Part 1

영재성 검사

① 언어 / 추리 / 논리
② 수리논리
③ 공간 / 도형 / 퍼즐

S-A+F=2

01. 다음 <보기> 의 글자들을 모두 사용해서 하나의 완전한 문장을 완성하세요. [4 점]

보기

| 격 | 다 | 원 | 재 | 합 | 교 | 영 | 했 | 육 | 에 |

02. 다음 <보기> 와 같이 가운데 단어를 보고 떠오르는 단어를 주위에 적어 보세요 . [4 점]

보기

눈	얼음	스키
크리스마스	겨울	핫팩
산타	붕어빵	패딩

	학교	

CREATIVE THINKING!

예시 답안 / 평가표 ············> P. 2

영재교육원 기출 유형

03. 다음 <보기> 는 순서관계가 있는 단어들을 나열한 것입니다. <보기> 와 같은 순서관계가 있도록 빈칸에 알맞은 단어를 적어 보세요. [5 점]

보기

등교 – 수업 – 하교

(가) 입학 – (   ) – (   )

(나) 예약 – (   ) – (   )

04. 다음 <보기> 의 단어들을 보고 공통으로 떠오르는 단어를 적어 보세요. [5 점]

보기

필기구   미역국   엿   시계   집중

05. 다음 <보기> 와 같이 주어진 2 개의 문장을 보고 이어지는 문장을 만들어 보세요. [5 점]

보기

주어진 문장 1 : 강아지는 동물이다.

주어진 문장 2 : 동물은 생물이다.

→ 이어지는 문장 : 1. 강아지는 생물이다.

 2. 생물이 아니면 강아지가 아니다.

주어진 문장 1 : 반지가 있는 사람은 부자이다.

주어진 문장 2 : 결혼한 사람은 반지가 있다.

→ 이어지는 문장 : 1.

 2.

06. 다음 <보기> 의 문장들을 읽고 발표한 순서를 적어 보세요. [6 점]

보기

ㄱ. A, B, C, D 네 개의 조가 조별활동을 한 내용에 대해 발표를 한다.

ㄴ. A 조와 B 조 사이에 한 조가 발표하였다.

ㄷ. D 조는 맨 처음 순서와 마지막 순서에 발표하지 않았다.

ㄹ. C 조는 A 조 바로 뒷 순서에 발표했다.

07.
무한이는 2 마리의 양과 1 마리의 늑대를 데리고 강을 건너려고 합니다. 아래와 같은 규칙이 있을 때 다음 질문에 답하세요. [5 점]

<규칙>

ㄱ. 하나의 배가 있는데 이 배에는 한 번에 무한이와 동물 한 마리만 탈 수 있다.

ㄴ. 동물들끼리만 배를 타고 강을 건널 수는 없다.

ㄷ. 늑대는 무한이가 없으면 양을 잡아먹는다.

ㄹ. 배를 이용하지 않으면 강을 건널 수 없다.

양들이 다치지 않게 모든 동물과 무한이가 강을 건너기 위해선 어떤 방법으로 강을 건너가야 할까요?

08. 우리가 쓰는 낱말 중에는 <보기> 와 같이 두 가지 이상의 의미를 지니는 낱말이 있습니다. 주어진 낱말들로 <보기> 처럼 다른 의미를 가지는 문장을 적어 보세요. [5 점]

> **보기**
>
> 단어 : 열다
>
> 문장 1 : 무한이는 방문을 <u>열고</u> 방에 들어갔다.
>
> 문장 2 : 상상이의 노력에 무한이는 마음을 <u>열었다</u>.
>
> 문장 3 : 알탐이의 아버지는 새로운 치킨집을 <u>열었다</u>.

(1) 단어 : 붙다

문장 1 :

문장 2 :

(2) 단어 : 돌다

문장 1 :

문장 2 :

예시 답안 / 평가표
·············> P. 4

09. 무한, 상상, 알탐, 영재, 재석 다섯 명이 다 같이 가위바위보 게임을 한 번만 해서 진 사람이 아이스크림을 사려고 합니다. 아래 <보기> 를 보고 아이스크림을 누가 샀을지 적어 보세요. [6 점]

> **보기**
>
> · 무한이는 바위를 냈다.
>
> · 상상이와 알탐이는 같은 것을 냈다.
>
> · 알탐이와 영재는 서로 다른 걸 냈지만, 가위는 내지 않았다.
>
> · 재석이는 무한이에게 이기는 것을 냈다.
>
> · 한 번 했을 때 비기거나 지는 사람이 2 명 이상일 때는 재석이가 아이스크림을 산다.

영재교육원 기출 유형

10. 초등학교에서 집에 있지만 자기는 잘 쓰지 않는 물건들을 가져와 싸게 사고파는 바자회를 연다고 합니다. 전 학년이 모두 참여한다고 할 때 나는 어떤 물건을 가져가서 얼마에 판매할지 받을지 적어 보세요. [5 점]

교육청 영재교육원 기출 유형

01. 아래와 같이 25 개의 점이 정사각형 모양으로 나열되어 있습니다. 4 개의 점을 이어서 사각형을 만들 때 몇 개의 정사각형을 만들 수 있는지 적어 보세요. [5 점]

정사각형 : 모든 내각이 90° 이고 모든 변의 길이가 같은 사각형

```
•  •  •  •  •
•  •  •  •  •
•  •  •  •  •
•  •  •  •  •
•  •  •  •  •
```

교육청 영재교육원 기출 유형

02. 아래 <보기> 에는 6 개의 숫자카드가 있습니다. 이 숫자카드를 아래 식의 빈칸에 넣어서 올바른 식을 만들어 보세요. (단, 각 문제에는 같은 숫자가 2 번 들어갈 수 없습니다.) [5 점]

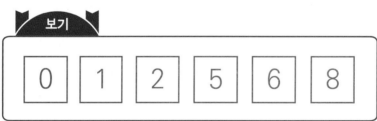

보기

| 0 | 1 | 2 | 5 | 6 | 8 |

문제 1	□	+ □	=	□□
문제 2	□	+ □ + □	=	□
문제 3	□	+ □ − □	=	□
문제 4	□	× □	=	□□

교육청 영재교육원 기출 유형

03. 다음 <보기> 의 도형들은 수의 연산을 나타낸 것입니다. 이를 계산한 결과는 얼마일까요? [4 점]

각 도형의 색칠된 부분
을 분수로 나타내보자!

보기

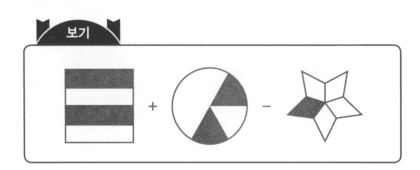

영재교육원 기출 유형

04. 아빠가 35 세 였을 때 나는 8 세 였습니다. 시간이 지나고 지금은 내 나이를 2 번 더하면 아빠의 나이가 됩니다. 지금 내 나이는 몇 살일까요? [4 점]

신유형 문제

05. 한 남자아이의 자신을 제외한 남자 사촌 수는 전체 여자 사촌 수와 같습니다. 여자 사촌 중 한 명의 입장에서보면 전체 남자 사촌 수는 자신을 제외한 여자 사촌 수의 2 배 입니다. 이 사촌들 중 남자는 총 몇 명일까요? [5 점]

여자 사촌 입장에서 본 남자 사촌들의 수는 남자아이의 입장에서 본 남자 사촌 수보다 1 명 더 많아요.

교육청 영재교육원 기출 유형

06. 다음 <보기> 의 숫자들은 일정한 규칙을 가지고 있습니다. 숫자들을 잘 보고 빈칸에 알맞은 숫자를 적어 보세요. [4 점]

보기

$$2 - 2 - 4 - 2 - 4 - 8 - 2 - 4 - (\ \ ) - (\ \ )$$

07. 토스트를 만들기 위해 프라이팬을 이용하여 식빵을 구우려 합니다. 한 번에 2 개까지만 올려서 구울 수 있고 식빵은 양면을 다 구워야 합니다. 식빵의 한 면을 굽는데 30 초가 걸린다고 할 때, 3 장의 식빵 양면을 모두 굽기 위한 최소 시간은 몇 분일지 적어 보세요. [4 점]

식빵의 양면을 모두 굽기 위해선 총 6 면을 구워야 해요.

음.. 어떻게 구워야 가장 빨리 먹을 수 있을까?

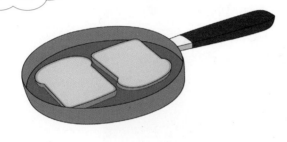

교육청 영재교육원 기출 유형

08. 똑같이 생긴 9 개의 동전이 있습니다. 이 중 8 개는 서로 무게가 같지만 1 개의 불량동전은 나머지 동전에 비해 무게가 미세하게 가볍습니다. 양팔 저울을 2 번만 이용해서 무게가 다른 불량동전을 어떻게 찾을 수 있을까요? [6 점]

먼저 양팔 저울의 양쪽에 동전을 3 개씩 올려봐요.

몇 개씩 올려볼까?

09. 음료수 한 통과 큰 컵, 작은 컵이 있습니다. 이 음료수 한 통으로 큰 컵에 가득 따르면 6 잔을 따를 수 있고 따르고 난 나머지로 작은 컵을 채우면 3 잔을 가득 따를 수 있습니다. 큰 컵 1 잔에 가득 담긴 음료수를 작은 컵에 가득 따르면 4 잔을 따를 수 있을 때, 이 음료수 한 통으로 큰 컵에 2 잔을 따르고 난 나머지로 작은 컵에 몇 잔을 가득 따를 수 있을지 적어 보세요. [5 점]

예시 답안 / 평가표
·········> P. 9

10. 무한이, 상상이, 알탐이, 재석이, 영재가 모두 참가해 모든 사람끼리 팔씨름을 해서 순위를 가리려고 합니다. 총 몇 번의 경기를 해야 할지 적어 보세요. [5점]

모두가 한 번씩 경기를 하여 순위를 가리는 경기 진행방식을 리그전이라 해요.

11. 아래 그림과 같은 끈을 절반씩 두 번 접어서 가운데를 자르면 줄은 몇 조각이 날까요? [5 점]

한 번 접어서 가운데를 자르면 줄은 3 조각 나요.

12. 아래 그림과 같이 가로가 20, 세로가 13 인 직사각형을 잘라서 가로가 5, 세로가 4 인 직사각형을 만들려고 합니다. 최대 몇 개를 만들 수 있을까요? [6 점]

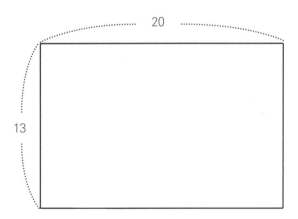

교육청 영재교육원 기출

13. 아래의 <조건> 을 참고하여 1 부터 10 까지의 수가 사용되는 예를 각각 한 가지씩 적어 보세요. [5 점]

<조건>

※ 모든 사람이 알고 인정할 수 있는 예를 적어야 합니다.

― 맞는 예 : 축구 경기 한 팀의 인원은 11 명이다.

― 틀린 예 : ① 2 + 9 = 11 (수의 계산 결과는 사용할 수 없습니다)

② 나의 친한 친구는 11 명이다.

③ 내 필통에는 11 개의 학용품이 있다.

※ 수가 사용되는 상황은 최대한 겹치지 않도록 합니다.

수	수가 사용되는 예
1	
2	
3	
4	
5	
6	
7	
8	
9	
10	

영재교육원 기출 유형

14. 두 사람이 아래 규칙에 따라 '31 먼저 말하기' 게임을 하려 합니다. 규칙을 읽고 이 게임에서 이길 수 있는 방법을 적어 보세요. [5 점]

이기기 위해선 어떠한 숫자를 외쳐야 할지 생각해봐요.

<규칙>

· 순서를 정해서 번갈아가며 수를 말합니다.

· 한 번에 최대 3 개의 연속된 수를 말할 수 있습니다.

· 1 부터 시작해서 연속된 수들을 말해야 하며 31 을 말한 사람이 지게 됩니다.

15. 한 보석가게에서는 원가가 90 만 원인 보석을 97 만 원에 팔아서 수익을 남기고 있습니다. 이 보석을 사 간 사람이 낸 100 만 원이 모두 위조지폐였다면 이 보석가게 주인은 얼마를 손해 본 것일까요? [5 점]

2 영재성 검사 수리논리

영재교육원 기출 유형

16. 서랍장 안에는 흰색 양말 10 짝과 검은색 양말 10 짝이 들어 있습니다. 불이 켜지지 않은 어두운 방에서 이 서랍장 안에 있는 양말을 한 짝씩 꺼낼 때 꺼낸 양말 중 반드시 제대로 된 양말 한 쌍이 있기 위해서는 최소 몇 짝의 양말을 꺼내야 할까요? [5 점]

17. 네 개의 수가 있습니다. 이 네 개의 수 중 두 개를 골라서 더하는 방법은 총 6 가지 입니다. 이 6 가지 방법으로 6 개의 수를 만들고 이 수들을 모두 더한 값이 300 이라면 처음 네 개의 수를 모두 더한 값은 몇일까요? (단, 더해서 만든 수는 서로 같을 수 있습니다.) [6 점]

처음의 4 개의 수는 각각 몇 번씩 더해져 있을지 생각해봐요.

예시 답안 / 평가표
·········> P. 13

교육청 영재교육원 기출 유형

18. 아래 <보기> 와 같이 주사위가 놓여 있습니다. 보이지 않는 세 면 중에서 밑면을 제외한 면에 있는 주사위 눈의 합은 얼마일까요? [5 점]

주사위는 마주 보는 면에 있는 눈의 합이 7 이에요.

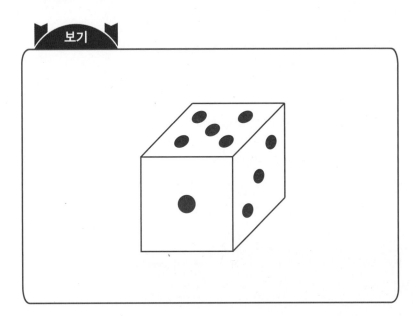

보기

영재교육원 기출 유형

19. 아래 그림과 같이 무한이는 A 지점에서 출발해서 B 지점으로 걸어가고 상상이는 B 지점에서 출발해서 A 지점으로 걸어갑니다. 무한이는 1 분에 80 m 씩 걸으며 두 사람이 만난 후 상상이는 800 m 를 더 가서 A 지점에 도착했고, 무한이는 7 분 뒤에 B 지점에 도착했습니다. 상상이는 1 분에 몇 m 씩 걸어갔을까요? [5 점]

영재교육원 기출 유형

20. 아래 그림에서 가장 큰 원의 반지름 길이는 가장 작은 원의 반지름 길이의 2 배이고, 중간 크기 원의 반지름 길이는 나머지 두 원의 반지름 길이의 합의 절반입니다. 점 A, B, C 가 각 원의 중심이고 삼각형 ABC 의 세 변의 길이의 합이 54 라면 가장 작은 원의 반지름 길이는 몇일까요? [6 점]

원의 반지름 : 원의 중심에서 원까지의 거리

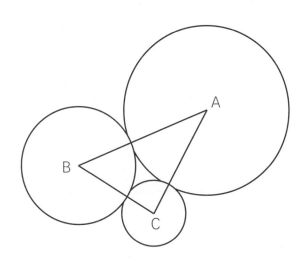

교육청 영재교육원 기출 유형

01. 아래 <보기> 와 같은 쌓기나무 도형이 있습니다. 이 도형을 앞, 위, 오른쪽에서 보면 어떤 모습일지 그려 보세요. [5 점]

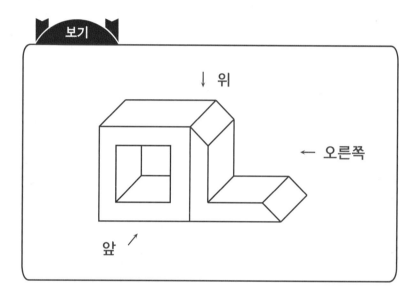

보기

↓ 위

← 오른쪽

앞 ↗

앞에서 본 모습	
위에서 본 모습	
오른쪽에서 본 모습	

영재교육원 기출 유형

02. 아래 <보기> 의 도형 간에 규칙을 보고 빈칸 ? 에 알맞은 도형을 그려 보세요. [4 점]

보기

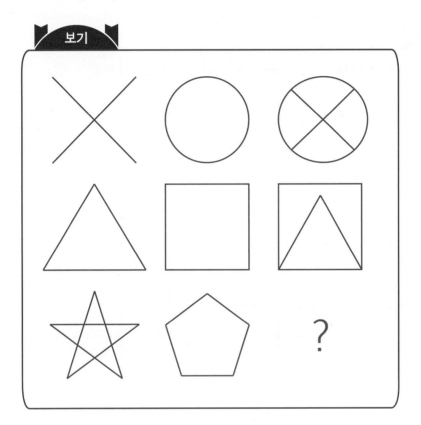

교육청 영재교육원 기출 유형

03. 아래 <보기> 와 같이 종이를 접어서 잘랐습니다. 자르고 난 종이를 원래대로 다시 펼치면 어떤 모습일지 그려 보세요. [5 점]

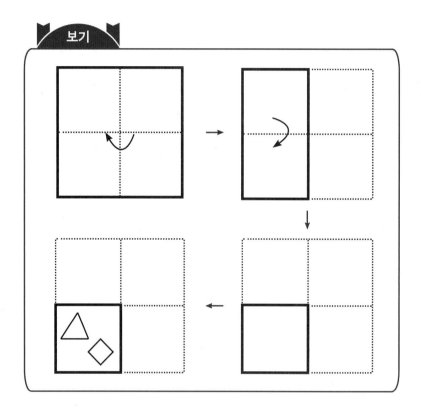

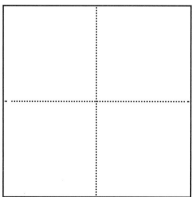

예시 답안 / 평가표
··········> P. 16

영재교육원 기출 유형

04. 아래 그림과 같이 사용한 지 오래되어 주사위 눈 1 을 제외한 다른 눈이 잘 보이지 않는 주사위가 있습니다. 화살표 방향으로 주사위를 한 칸씩 굴릴 때, 주사위 눈 1 과 만나는 바닥의 숫자를 모두 더하면 얼마일까요? [4 점]

주사위 눈 1 은 두 번 굴리면 바닥으로 가고, 다시 두 번 굴리면 위로 오게 되요.

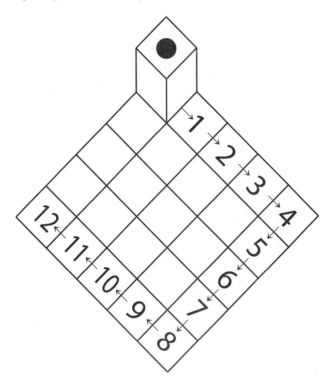

교육청 영재교육원 기출

05. 다음 <보기> 중 넓이가 다른 하나를 골라 보세요. [5 점]

각 도형이 몇 칸인지
헤아려 봐요.

보기

예시 답안 / 평가표
·········· > P. 17

영재교육원 기출 유형

06. 아래 그림과 같이 성냥개비 12 개가 정사각형 모양으로 놓여 있습니다. 이 그림에서 찾을 수 있는 정사각형의 개수는 작은 정사각형 4 개, 큰 정사각형 1 개입니다. 이 성냥개비 중 3 개만 위치를 바꿔서 작은 정사각형 3 개를 만들어 보세요. [4 점]

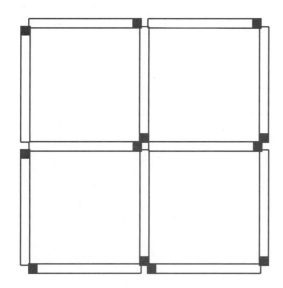

영재교육원 기출 유형

07. 다음 <보기> 는 쌓기나무를 쌓아서 만든 도형을 앞, 위, 오른쪽에서 본 모습입니다. 이 도형은 몇 개의 쌓기나무를 쌓아서 만든 도형일까요? [6점]

도형의 1층과 2층에 몇 개의 쌓기나무가 있을지 생각해봐요.

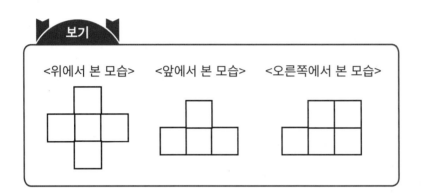

> 보기
>
> <위에서 본 모습>   <앞에서 본 모습>   <오른쪽에서 본 모습>

교육청 영재교육원 기출 유형

08. 아래 그림과 같이 같은 모양의 종이 7 장이 겹쳐져 있습니다. 가장 아래에 있는 종이부터 차례대로 적어 보세요. [5 점]

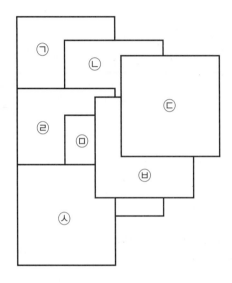

영재교육원 기출 유형

09. 다음 <보기> 는 정사각형 4 개를 이어 붙여서 만든 조각들입니다. 이 조각들을 한 번씩만 이용해서 아래 모양을 만드는 방법을 3 가지 이 상 그려 보세요. (단, <보기> 의 조각들을 돌리거나 뒤집을 수 있습 니다.)[5 점]

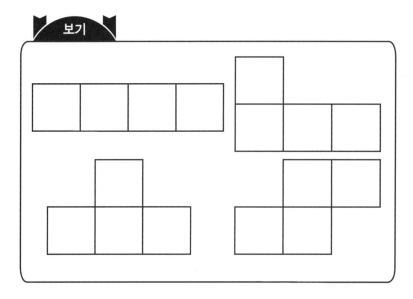

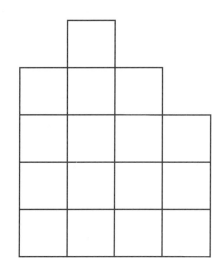

예시 답안 / 평가표
·········> P.19

신유형 문제

10. 아래와 같은 흰색, 검은색으로 칠해진 판의 흰 칸에 8개의 별을 그리려고 합니다. 가로, 세로 한 줄이나 한 대각선에는 하나의 별만 있어야 합니다. 하나의 별이 아래와 같이 그려져 있을 때 나머지 7개의 별을 그려 보세요. [6점]

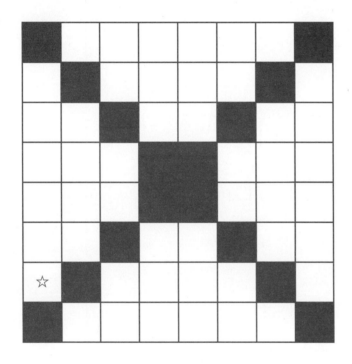

11. 아래 <보기> 는 어떠한 수를 암호로 써놓은 것입니다. 이 수는 무엇
일까요? [5 점]

다섯 자리수를 길게
늘려 놓고 중간중간을
지운 모양이에요.

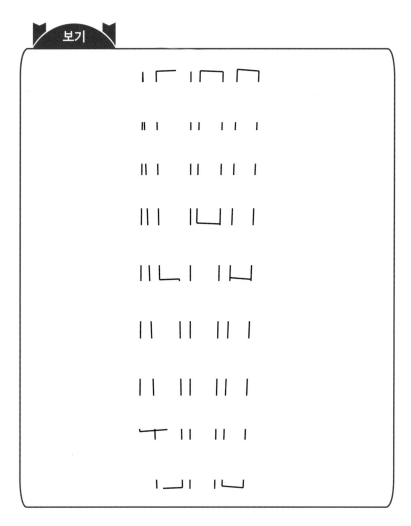

예시 답안 / 평가표
·········> P. 20

영재교육원 기출 유형

12. 스도쿠 게임이란 아래 <규칙> 에 따라 빈칸에 1 ~ 9 까지의 수를 채워 넣는 게임을 말합니다. <규칙> 을 읽고 빈칸에 1 ~ 9 까지의 수를 채워 보세요. [5 점]

<규칙>

① 각각의 가로, 세로 1 줄에는 1 ~ 9 까지의 수가 하나씩 들어가야 합니다.

② 굵은 선으로 표시된 작은 사각형 9 개에도 1 ~ 9 까지의 수가 하나씩 들어가야 합니다.

2	5				3		9	1
3		9				7	2	
		1	9		6	3		
				6	8			3
	1			4	2			
6		3					5	
1	3	2		8			7	
					4		6	
7	6	4		1				

영재교육원 기출 유형

13. 오른쪽 위의 화살표로 들어가 미로를 돌아 왼쪽 아래의 화살표로 나오려고 합니다. 한 번 지나간 길은 다시 지나갈 수 없다고 할 때, 지나간 길에 적혀 있는 수의 합이 100 이 되도록 미로를 나올 수 있는 길을 찾아보세요. [4 점]

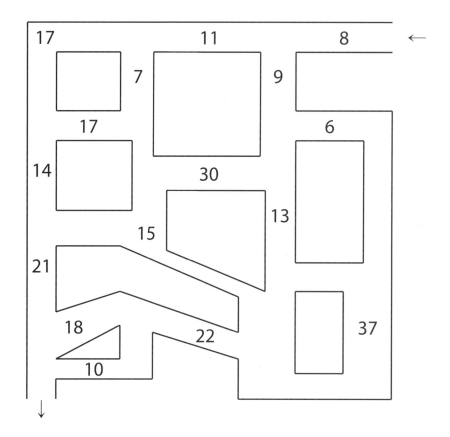

교육청 영재교육원 기출

14. 무한, 상상, 알탐 세 명이 케이크를 먹으려고 합니다. 케이크의 바닥을 제외한 면에는 초콜릿이 발라져 있는데, 아래 <보기> 와 같이 케이크를 3 등분 하였더니 가운데 조각에는 나머지 조각에 비해 초콜릿이 덜 발라져 있었습니다. 어떻게 이 케이크를 나누면 세 명 모두 같은 양의 케이크와 초콜릿을 먹을 수 있을까요? [5 점]

보기

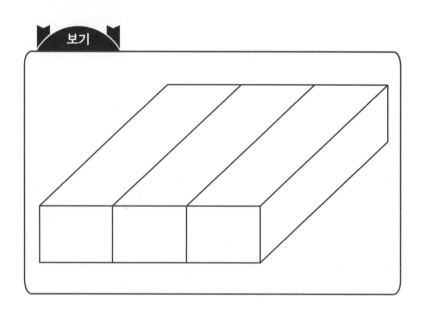

영재교육원 기출 유형

15. 아래 <보기> 는 주사위를 펼쳤을 때의 모습입니다. 이 주사위를 다시
접었을 때 나오는 주사위가 아닌 것을 골라 보세요. [6 점]

보기

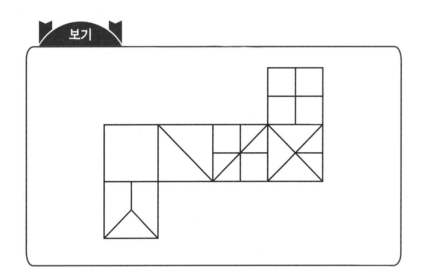

㉠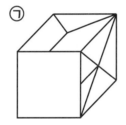

㉡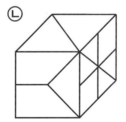

㉢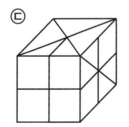

㉣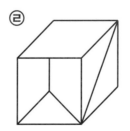

16. 아래의 <규칙> 에 따라 지뢰찾기 게임을 하려고 합니다. 지뢰는 어떤 칸에 있을지 표시해 보세요. [5 점]

<규칙>

① 숫자가 적혀있는 칸은 그 칸과 붙어있는 칸에 있는 지뢰의 수를 나타냅니다.

② 붙어있는 칸에 아무 지뢰도 없는 칸은 빈칸으로 그냥 둡니다.

<예시>

2	지뢰	지뢰	지뢰
2	3	4	2
1	지뢰	1	
1	1	1	

	3	3	2	1	2		2
2					2		
2	3	4	3	2	2	1	1
1		1	1		1	1	

영재교육원 기출 유형

17. 아래 <보기> 에 있는 1 ~ 9 까지의 수를 한 번씩만 사용해서 두 줄로
나열하려고 합니다. 두 줄에 있는 수의 합이 같도록 만들어 보세요.
(단, 두 줄 모두 가로일 필요는 없습니다.) [5 점]

한 줄은 가로로, 한 줄은
세로로 나열하여 하나의
수를 공통으로 사용하는
모양을 생각해봐요.

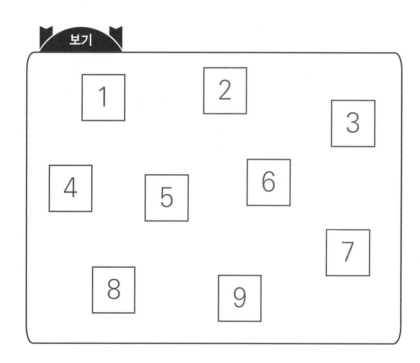

보기

영재교육원 기출 유형

18. 다음 <보기> 와 같이 나열되어 있는 바둑돌을 아래와 같이 바꾸기 위해선 최소 몇 개의 바둑돌을 옮겨야 할까요? [5 점]

보기

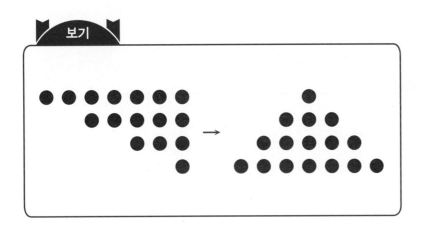

19. 다음 <보기> 는 쌓기나무를 쌓아서 만든 도형을 앞, 뒤에서 본 모습을 보여주고 있습니다. 이 <보기> 의 도형은 똑같이 생긴 도형 2 개로 나누어질 수 있습니다. 어떠한 도형을 2 개 붙여서 만든 모습일까요? [6 점]

<보기> 의 도형은 몇 개의 쌓기나무로 이루어진 도형일까요?

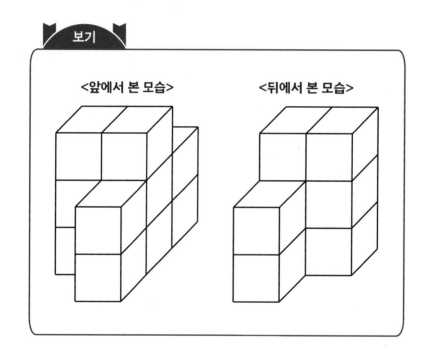

<보기>

<앞에서 본 모습>   <뒤에서 본 모습>

신유형 문제

20. 아래 그림의 검게 색칠된 칸에서 시작해서 가로 또는 세로로 한 칸씩 움직여가면서 모든 칸을 칠하려 합니다. 한 번 칠한 칸은 다시 지나갈 수 없을 때, 그림의 빈칸을 모두 칠해 보세요. [5 점]

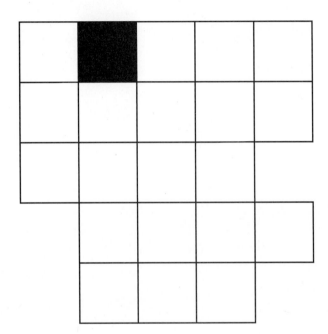

Part 2

창의적 문제해결력 수학

④ 창의적 문제해결력

창의적 문제해결력 1 회

영재교육원 기출 유형

01. 다음 <보기> 의 수들은 일정한 규칙을 가지고 있습니다. 수들을 보고 다음 빈칸에 나올 수를 적어 보세요. [4 점]

> **보기**
>
> 1 18 3 17 5 16 7 15 9 (   )

수와 다음 수 사이관계 를 생각해봐요.

교육청 영재교육원 기출

02. 다음 <보기> 의 숫자카드 중 2 개를 뽑아 두 자릿수를 만들고, 남은 5 개의 숫자 카드 중 2 개를 다시 뽑아 두 자릿수를 만들어서 합하니 까 합이 103 이 되었습니다. 이 2 개의 두 자릿수를 만들어 보세요. [5 점]

> **보기**
>
> 0 1 3 6 7 8 9

더해서 일의 자리수가 3 이 되기 위한 방법은?

03. 무한이와 상상이는 가위바위보 게임을 해서 저금통에 있는 동전을 나누어 가지려 합니다. 가위바위보 게임을 했을 때, 이긴 사람은 400원, 진 사람은 100원을 가져가고 비기면 둘 다 200원씩 가져갑니다. 10번 가위바위보 게임을 해서 3번은 비겼을 때, 저금통에 남은 동전이 없었다면 처음 저금통에 있던 동전의 금액은 총 얼마일지 구해 보세요. [5점]

창의적 문제해결력 1 회

04. 길이 500 m 인 도로에 가로등을 설치하고 가로수를 심으려고 합니다. 가로등은 50 m 간격으로 설치하고 가로수는 20 m 간격으로 심으면 가로등과 가로수가 각각 몇 개씩 필요할까요? (단, 도로의 시작점과 끝점에는 반드시 가로등을 설치하고 가로수를 심습니다.) [5 점]

시작점에도 가로등과
가로수를 심는다는 점!

총 몇 개의 가로수와
가로등이 필요할까..?

교육청 영재교육원 기출

05. 아래의 <조건> 을 모두 지켜서 어린이 하루 에너지 권장량에 맞는 아침, 점심, 저녁 식단을 만들어 보세요. [6 점]

<조건>

① 어린이의 하루 에너지 권장량 : 2200 ~ 2300 칼로리

② 아침 : 500 ~ 700 칼로리, 점심 : 800 ~ 1000 칼로리, 저녁 : 600 ~ 800 칼로리

③ 모든 음식은 하루에 한 번만 식단에 넣을 수 있습니다.

④ 식사는 밥, 국, 반찬 2 가지, 후식을 넣어서 완성합니다.

■ **밥** (단위 : 칼로리)

흰 쌀밥	300	죽	200	김밥	460
고기덮밥	660	비빔밥	600	볶음밥	400
자장밥	500				

■ **국, 찌개** (단위 : 칼로리)

콩나물국	50	설렁탕	350	순두부찌개	180
갈비탕	450	미역국	90	크림스프	280
북어국	110	김치찌개	220		

■ **반찬** (단위 : 칼로리)

김	30	감자조림	120	배추김치	15
계란후라이	100	낙지볶음	250	꽁치구이	310
돈까스	320	탕수육	370	잡채	150

■ **후식** (단위 : 칼로리)

포도	240	수박	50	호떡	220
귤	80	머핀	250	케이크	330
사과	130	바나나	100	애플파이	280

영재교육원 기출 유형

06. 무한초등학교에서는 학생 200 명을 대상으로 음식 선호도 조사를 하였습니다. 음식은 삼겹살, 중국요리, 초밥 세 종류이고 선호하는 음식은 선택하지 않을 수도 있고, 여러 가지를 선택할 수도 있습니다. 삼겹살을 선택한 사람은 140 명, 중국요리를 선택한 사람은 100 명, 초밥을 선택한 사람은 80 명이고, 음식을 2 개 선택한 학생은 55 명이었습니다. 하나도 선택하지 않은 학생이 15 명이라면 세 종류의 음식을 모두 선택한 학생은 몇 명일까요? [7 점]

글을 풀어서 수식으로 만들어봐요.

교육청 영재교육원 기출

07. 다음 <보기> 에 있는 두 개의 삼각형을 겹치지 않게 변을 붙여서 만들 수 있는 각도를 모두 구해 보세요. [4 점]

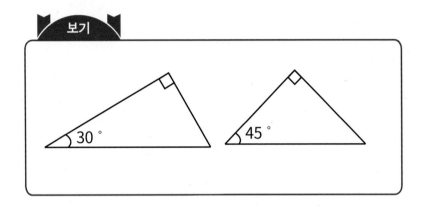

08. 이탈리아의 시간은 우리나라의 시간보다 7 시간 느리고 로마 공항과 인천 공항은 비행기로 12 시간 30 분 거리입니다. 이탈리아 여행을 마친 무한이가 다시 한국으로 올 때 한국에 7 월 13 일 오후 7 시에 인천 공항에 도착했다면 무한이는 이탈리아 시각으로 몇 일 몇 시에 로마 공항에서 비행기에 탔을지 적어 보세요. [5 점]

7 시간 느리다는 뜻은 한국이 오후 8 시라면 이탈리아는 오후 1 시라는 의미에요.

영재교육원 기출 유형

09. 아래와 같은 도형을 넓이와 모양이 같게 4 조각으로 나누는 방법을 적어 보세요. [6 점]

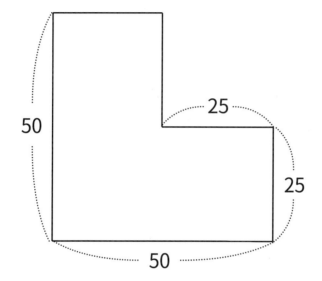

영재교육원 기출 유형

10. 다음 <보기> 의 도형들은 일정한 규칙을 가지고 있습니다. 빈칸의 ? 에는 어떤 도형이 나올지 그려 보세요. [5 점]

각 도형이 몇 개씩 있는지 찾아봐요.

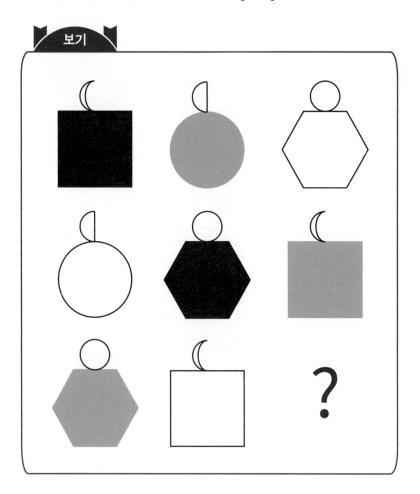

영재교육원 기출 유형

11. 50 명의 학생들이 강에서 보트를 타려고 합니다. 보트 가격표가 아래 <보기> 와 같을 때, 가장 저렴한 가격으로 모두가 탈 수 있는 방법을 적어 보세요. [4 점]

각 보트의 1 인당 가격을 생각해보자.

> 보기

인승	가격
4 인승	16,000 원
6 인승	22,000 원

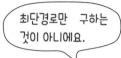

12. 아래 도형의 선을 따라 A 점에서 F 점까지 이동하려고 합니다. 한 번 지나간 점은 다시 지나갈 수 없을 때, 이동 경로를 모두 구해 보세요. (예 : A → B → C → E → F) [5 점]

영재교육원 기출 유형

최단경로만 구하는 것이 아니에요.

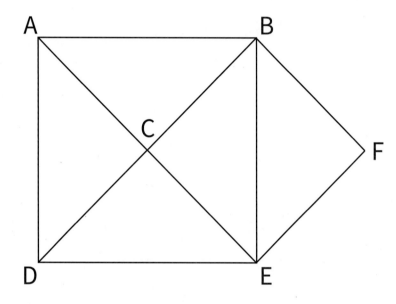

영재교육원 기출 유형

13. 다음 <보기> 에 있는 원 모양의 종이를 한 번만 잘라서 정사각형이 되도록 하기 위해서는 어떻게 잘라야 할지 적어 보세요. [5 점]

접어서 잘라보는
방법을 생각해보자.

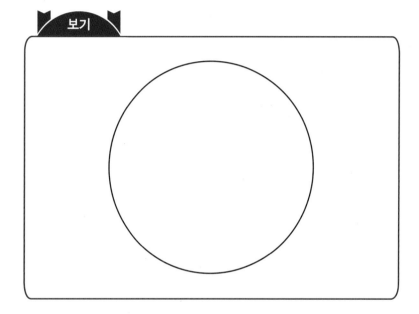

보기

영재교육원 기출 유형

14. 이번 주 일요일 ~ 토요일까지 날짜를 모두 합치면 168 입니다. 이번 주 월요일, 수요일, 금요일에 운동을 하려고 할 때, 운동하는 날짜를 모두 더한 값은 얼마일지 적어 보세요. [5 점]

일 ~ 토까지 날짜의 합은 수요일 날짜의 7 배에요.

일	월	화	수	목	금	토
	운동		운동		운동	

15. 아래 <보기> 와 같이 큰 직각삼각형을 작은 직각삼각형 2 개와 정사각형 1 개로 나누었습니다. 작은 직각삼각형 A 와 B 의 넓이의 합은 몇 일지 적어 보세요. [6 점]

삼각형의 넓이
= 밑변 × 높이 ÷ 2

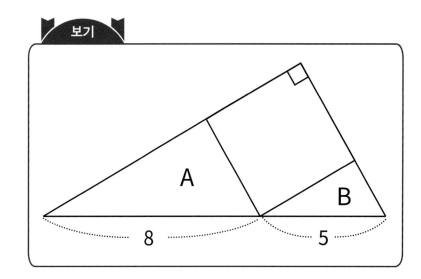

영재교육원 기출 유형

16. 아래의 숫자들은 일정한 규칙에 따라 나열되어 있습니다. 2 행, 4 열에 있는 11 을 < 2, 4 > 라고 표현할 때, < 4, 7 > + < 6, 1 > 를 계산한 결과가 < A, B > 로 표현된다면 A + B 는 몇 일지 구해 보세요. [5 점]

	1 열	2 열	3 열	4 열	...
1 행	1	2	5	10	
2 행	4	3	6	11	
3 행	9	8	7	12	
4 행	16	15	14	13	

...

4 창의적 문제해결력 2 회

교육청 영재교육원 기출

17. 다음 <보기> 는 두 자리 수 47 이 한 자리 수가 될 때까지, 각 자리 숫자를 계속 곱한 것입니다. <보기> 와 같이 한 자리 수가 될 때까지 계산할 때, 결과가 8 이 나오는 두 자리 수를 모두 구해 보세요. [4 점]

곱해서 8 이 나오는
수는 8 의 약수에요.

> **보기**
>
> 47 → 4 × 7 = 28 → 2 × 8 = 16 → 1 × 6 = 6

정답 및 해설 / 예시 답안
·········· > P. 32

영재교육원 기출 유형

18. 다음 <보기> 는 각 괄호에 대한 규칙들을 보여줍니다. <보기> 와 같
은 규칙으로 아래 ㉠, ㉡ 을 풀 때, 결과로 나오는 수를 적어 보세요.
[6 점]

> **보기**
>
> $< 3, 4 > = 1$ $< 4, 6 > = 2$ $< 7, 5 > = 3$ $< 8, 9 > = 7$
> $(8, 4) = 2$ $(2, 9) = 8$ $(5, 6) = 0$ $(5, 7) = 5$

㉠ $(9, < 5, 8 >) =$

㉡ $< 6, (7, 4) > =$

4. 창의적 문제해결력 수학   **69**

19. 2, 3, 6 으로 나누었을 때, 나머지가 각각 1, 2, 5 인 숫자가 있습니다. 이러한 숫자 중에서 50 보다 작은 수를 모두 구해 보세요. [7 점]

나눈 수와 나머지의 차이는 모두 1 이에요.

이런 수가 몇 개나 있는 거지..?

영재교육원 기출 유형

20. 무한이의 시계는 오전 0 시부터 정오까지는 빠르게 가서 총 3 분 빨라지고, 정오부터 오후 12 시까지는 느리게 가서 총 2 분 느려져서 하루에 1 분씩 빠르게 갑니다. 무한이가 이 시계를 7 월 1 일 오전 0 시에 정확하게 맞춰놓았다면 시계가 처음으로 30 분 빨라질 때는 언제일지 구해 보세요. [5 점]

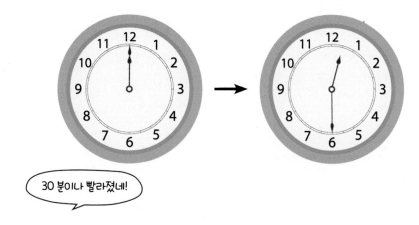

30 분이나 빨라졌네!

4 창의적 문제해결력 3 회

교육청 영재교육원 기출

21. 아래 달력의 검은 사각형 안의 9 개의 수에서 찾을 수 있는 규칙을 세 가지 적어 보세요. [4 점]

가로, 세로, 대각선 으로 있는 수들을 보면서 규칙성을 생각해봐요.

일	월	화	수	목	금	토
	1	2	3	4	5	6
7	8	9	10	11	12	13
14	15	16	17	18	19	20
21	22	23	24	25	26	27
28	29	30	31			

22. 다음 <보기> 의 수식의 □ 에 1 ~ 6 까지의 수를 한 번씩만 넣어서 계산한 값이 3 이 되도록 만들어 보세요. [5 점]

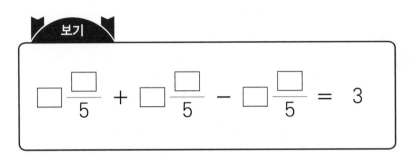

계산한 결과가 자연수가 되기 위해서는 분자를 계산한 값이 5 의 배수여야 해요.

23. 다음 <보기> 에는 크기와 모양이 같은 직각삼각형이 4 개 있습니다. 이 직각삼각형 4 개를 겹치지 않게 하나의 꼭짓점과 변이 맞닿도록 붙여서 정사각형을 포함하는 도형을 만들어 보세요. [5 점]

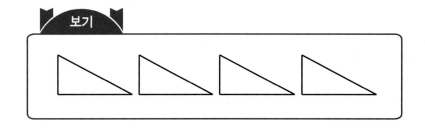

(단, 아래와 같은 경우는 정답으로 인정하지 않습니다.)

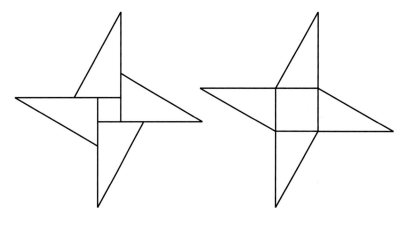

▲ 꼭짓점끼리 단 하나도   ▲ 단 하나의 변도 맞닿아
　붙어 있지 않은 경우   　있지 않은 경우

24. 아래 <조건> 을 만족하는 자연수를 모두 찾아보세요. [5 점]

자연수 : 1, 2, 3, ...

<조건>

① 200 보다 작은 자연수입니다.

② 23 으로 나눴을 때, 몫과 나머지가 같은 자연수입니다.

교육청 영재교육원 기출

25. 무한이는 아래 <주사위 놀이 방법> 에 따라 주사위 놀이를 하였습니다. 놀이 방법과 결과표를 보고 이 주사위 놀이 점수 계산 규칙을 적어 보세요. [5 점]

<주사위 놀이 방법>

① 1 회에 한 개의 주사위를 2 번 던집니다.

② 주사위를 던져서 나온 눈을 차례대로 결과표에 적습니다.

③ 주사위 눈의 결과에 따라 점수 계산 규칙으로 점수를 계산합니다.

<결과표>

회	1회		2회		3회		4회		5회		6회		최종점수
결과	5	2	4	1	2	2	4	6	6	3	4	4	45
점수	3		3		4		24		3		8		

4 창의적 문제해결력 3회

교육청 영재교육원 기출

26. 숫자 8 버튼이 눌러지지 않는 계산기가 있습니다. 아래의 문제 1 ~ 3 를 계산하기 위해서는 어떻게 계산기 버튼을 눌러야 하는지 빈칸에 알맞은 수를 여러 가지 방법으로 찾아보세요. (예 : 15 + 8 = 15 + 10 − 2) [4 점]

정답은 여러 가지가 있을 수 있어요.

(문제 1) 15 + 88

$$= \ 15 \ + \ \boxed{} \ - \ \boxed{}$$

(문제 2) 78 − 18

$$= \ \boxed{} \ - \ \boxed{} \ - \ \boxed{} \ + \ \boxed{}$$

(문제 3) 8 × 7

$$= \ \boxed{} \ \times \ \boxed{} \ - \ \boxed{}$$

27. 다음 <보기> 와 같이 종이 가운데에 직사각형 모양의 구멍이 나 있습니다. 이 종이를 모양이 똑같은 2 조각으로 잘라서 정사각형 모양이 되도록 붙여 보세요. [7 점]

넓이를 먼저 생각해서 정사각형의 한 변의 길이가 몇 일 지 생각해봐요.

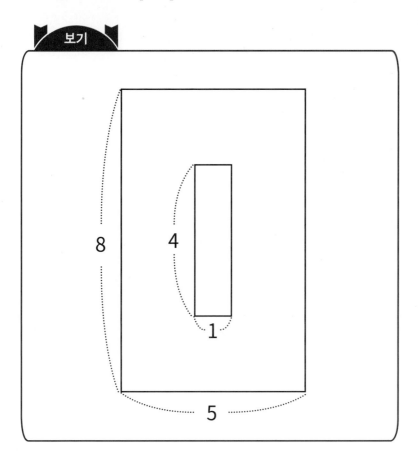

영재교육원 기출 유형

28. 다음 <보기> 와 같이 2 개의 거울 사이에서 빛이 반사되고 있습니다. 각 ㉠ 의 크기를 구해 보세요. [6 점]

빛은 거울에 반사될 때 서로 대칭되게 반사되서 나옵니다.

보기

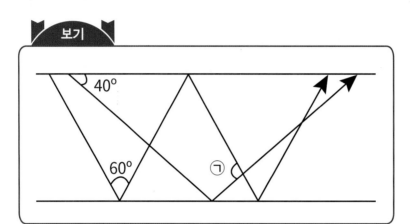

영재교육원 기출 유형

29. 1 ~ 6 까지의 숫자가 적힌 6 장의 파란색 카드와 1 ~ 6 까지의 숫자가 적힌 6 장의 빨간색 카드가 있습니다. 파란색 카드와 빨간색 카드에서 각각 1 장씩 뽑아서 두 수를 더할 때, 합이 짝수가 되는 경우는 총 몇 가지가 있을지 적어 보세요. [5 점]

영재교육원 기출 유형

30. 아래 도형을 크기와 모양이 똑같게 4 등분으로 조각내려 합니다. 모든 조각에는 A, B, C 가 1 개씩 들어가 있게 4 등분해 보세요. (단, 정사각형 4 개로 나누는 방법 외에 정답은 3 개 이상 찾아야 합니다.) [6 점]

4 등분하면 하나의 조각은 9 칸으로 이루어져 있습니다.

C				B	C
B					
		A	A		
		A	A		
					B
C	B				C

교육청 영재교육원 기출

31. 다음 <보기> 는 어떤 규칙에 따라 수를 배열한 것입니다. ㉠, ㉡, ㉢ 에 들어갈 수를 써 보세요. [4 점]

한 행이 올라갈 때마다 4 씩 곱해져 나가요.

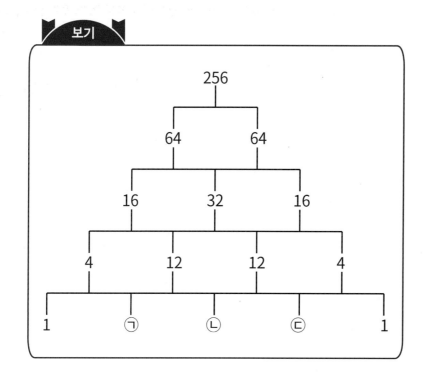

32. 1 부터 500 까지 숫자를 차례대로 한 번씩 적을 때, 숫자 4 를 몇 번 쓰게 될지 적어 보세요. [5 점]

100 씩 나눠서 생각해봐요.

33. 다음 <보기> 는 한 변의 길이가 3 인 정삼각형 3 개를 붙여놓은 모양 입니다. 정삼각형 1 개를 더 그려서 한 변의 길이가 1 인 정삼각형 9 개와 한 변의 길이가 2 인 정삼각형 3 개가 나오도록 만들어 보세요. [6 점]

보기

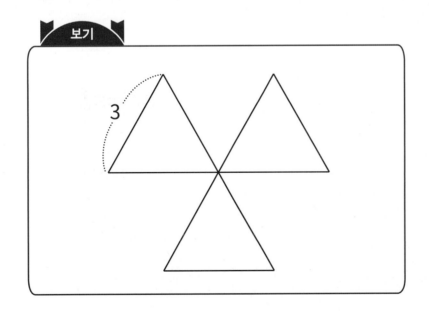

영재교육원 기출 유형

34. 다음 <보기> 와 같이 서로 다른 색의 빛을 내는 4 개의 전구를 가진 점멸등이 있습니다. 이 점멸등을 이용해서 밤에 멀리 있는 친구에게 신호를 보내려 할 때, 총 몇 가지의 신호를 만들 수 있는지 적어 보세요. [4 점]

모두 꺼져있다면 신호가 되지 않아요.

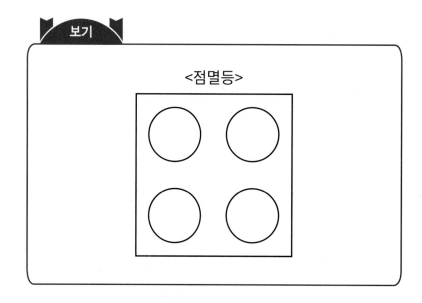

보기

<점멸등>

신유형 문제

35. 아래 그림에서 선분을 따라 A 지점에서 B 지점까지 가려고 할 때, 최단거리로 이동하는 방법은 모두 몇 가지일까요? [7 점]

최단거리로 이동하기 위해서는 오른쪽이나 위쪽으로만 움직여야 해요.

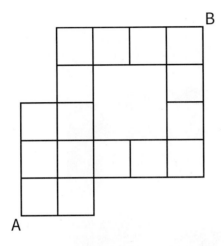

교육청 영재교육원 기출

36. 어떤 연못의 둘레에 나무를 심고자 합니다. 나무를 10 m 간격으로 심으면 15 m 간격으로 심을 때에 비해 10 그루를 더 심을 수 있습니다. 이 연못의 둘레는 몇 m 일지 구해 보세요. [5 점]

10 m 간격으로 심을 때 심을 수 있는 나무 수를 A 라고 생각해 보자.

10 m 간격으로 심으면 몇 그루를 심을 수 있을까?

정답 및 해설 / 예시 답안
> P. 42

37. 다음 <보기> 의 도형들은 일정한 규칙을 가지고 있습니다. 규칙을 찾아서 빈칸 2 개에 알맞은 도형을 그려 보세요. [5 점]

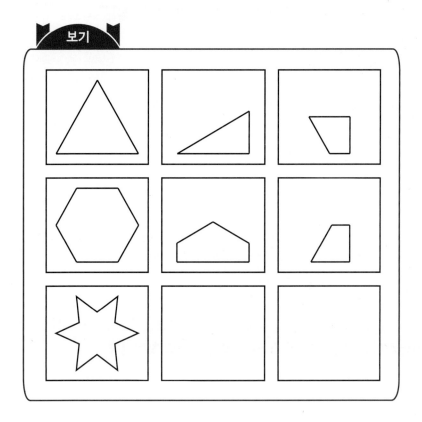

영재교육원 기출 유형

38. 아래의 4 개의 6 과 사칙연산 기호 +, −, ×, ÷ 와 괄호( ) 를 이용
해서 계산 결과가 1 이 나오는 방법을 3 가지 적어 보세요. (단, 오른
쪽의 야옹이가 말하는 예시는 정답으로 인정하지 않습니다.) [6 점]

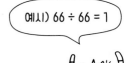

예시) 66 ÷ 66 = 1

(방법 1) 6   6   6   6 = 1

(방법 2) 6   6   6   6 = 1

(방법 3) 6   6   6   6 = 1

39. 30 을 연속된 자연수의 합으로 표현할 수 있는 방법을 모두 찾아보세
요. [5 점]

40. 아래 <보기> 는 9 개의 버튼으로 이루어진 잠금장치입니다. 각 버튼에 있는 숫자와 화살표는 그 버튼을 누르고 다음에 어떠한 방향으로 몇 칸을 가서 버튼을 눌러야 하는지를 알려줍니다. 9 개의 버튼을 숫자와 방향에 따라 순서대로 눌러야 하며, 마지막에 열림 버튼을 눌러야 잠금장치가 열린다고 합니다. 어떤 순서로 버튼을 눌러야 할지 적어 보세요. [5 점]

열림을 누르기 위해선 그 전에 어떠한 버튼을 눌러야 할 지 하나씩 따져나가봐요.

보기

1 →	1 ↓	2 ↓
2 →	1 ←	1 ↑
2 ↑	1 ←	열림

영재교육원 기출 유형

41. 3장의 종이를 벽에 압정으로 고정시키려고 합니다. 1장의 종이를 고정시키려면 4개의 꼭짓점을 모두 압정으로 고정시켜야 합니다. 다음의 각 경우에 3장의 종이를 모두 고정시킬 수 있는 방법을 각각 한 가지씩 찾아보세요. (단, 종이들은 접거나 구부려서 고정시킬 수 없으며 종이들의 꼭짓점은 여러 장을 겹쳐서 하나의 압정으로 고정할 수 있습니다.) [5점]

㉠ 8개의 압정을 이용하는 경우

㉡ 9개의 압정을 이용하는 경우

㉢ 10개의 압정을 이용하는 경우

교육청 영재교육원 기출

42. 다음 <보기> 와 같이 원은 1 개의 직선으로는 최대 2 부분으로 나눌 수 있고, 2 개의 직선으로는 최대 4 부분으로 나눌 수 있습니다. 4 개의 직선으로는 원을 최대 몇 부분으로 나눌 수 있을지 적어 보세요. [4 점]

4 개의 직선으로 원을 나눌 때 나눠지는 부분의 최소 개수는 5 개에요.

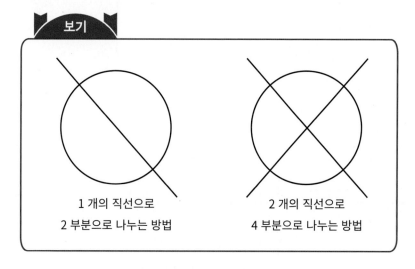

보기

1 개의 직선으로
2 부분으로 나누는 방법

2 개의 직선으로
4 부분으로 나누는 방법

4 창의적 문제해결력 5 회

교육청 영재교육원 기출

43. 다음 <보기> 의 수들을 본인만의 기준을 정해서 2 단계로 분류 하세요. [4 점]

본인만의 기준을 정해서
타당하게 수들을
나눠 봐요.

보기

> 17, 4, 8, 11, 15, 2, 3, 19, 7, 9, 12, 14, 1

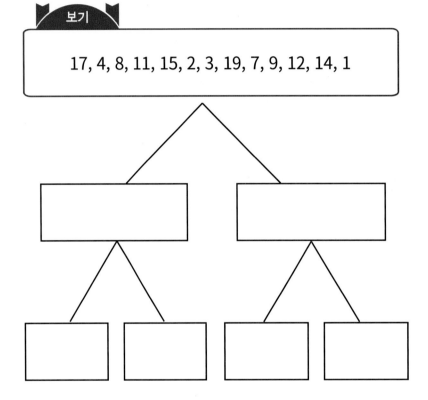

영재교육원 기출 유형

44. 다음 <보기> 의 식을 보고 문자 ☆ 에 알맞은 수를 찾아보세요. [5 점]

> 보기

$$☆ × △ = □$$

$$△ + △ + △ = □ - △$$

45. 다음 <보기> 와 같이 한쪽 면에는 A, 다른 면에는 B 가 적혀 있는 5 장의 카드가 모두 A 가 적혀 있는 면이 보이도록 놓여 있습니다. 이 카드 중 매 회 3 개를 골라서 뒤집을 때, 모든 카드가 B 가 적혀 있는 면이 보이도록 하기 위해선 최소 몇 회를 뒤집어야 할지 적어 보세요. [5 점]

> 보기

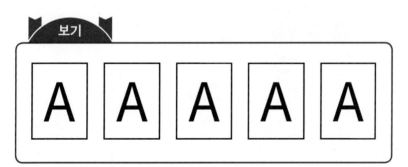

46. 무한이와 상상이는 아래 <규칙> 에 따라 오목 게임을 하려고 합니다. <규칙> 을 읽고 다음 <보기> 와 같은 상황에서 상상이가 4번 만에 반드시 이길 수 있는 방법을 찾아보세요. [5 점]

현재 놓여 있는 바둑돌의 수를 헤아려서 다음에 놓는 사람은 누구일지 생각해봐요.

<오목 규칙>

① 무한이는 흑 돌, 상상이는 백 돌을 놓습니다.

② 무한이가 먼저 시작해서 차례대로 돌을 한 개씩 놓습니다.

③ 가로 또는 세로 또는 대각선으로 같은 색의 돌을 일렬로 연달아 5 개 놓으면 그 사람이 게임에서 이깁니다.

보기

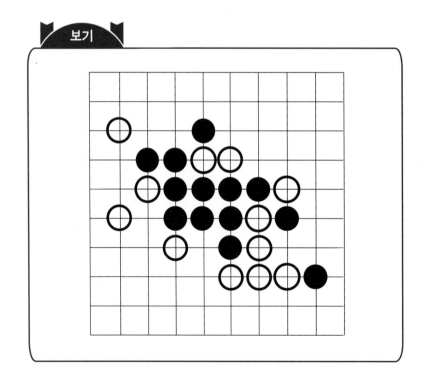

영재교육원 기출 유형

47. 아래의 5 개의 쌓기나무 도형을 이용해서 앞에선 본 모습과 위에서 본
모습이 모두 + 모습처럼 보이도록 쌓는 방법을 적어 보세요. [6 점]

1 층에 2 개, 2 층에 2 개,
3 층에 1 개의 쌓기나무를
쌓는 방법을 생각해봐요.

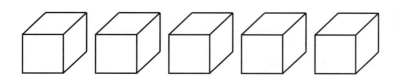

신유형 문제

48. 다음 <보기> 와 같이 36 개의 점이 직선들로 연결되어 있습니다. 이 중 6 개의 점을 선택할 때, 어떠한 두 점도 같은 직선 위에 있지 않도록 선택하는 방법을 찾아보세요. [7 점]

복잡해 보이지만 하나씩 해보면 정답을 구해낼 수 있어요.

보기

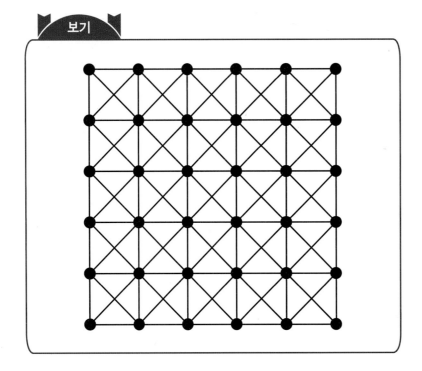

영재교육원 기출 유형

49. 1001, 282 와 같이 앞에서 읽어도, 뒤에서 읽어도 같은 수를 대칭수 라고 말합니다. 세 자릿수인 대칭수와 두 자릿수인 대칭수를 더했을 때, 다시 대칭수가 되는 식을 적어 보세요. [6 점]

세 자리인 대칭수가 나올 수도 있고, 네 자리 인 대칭수가 나올 수도 있어요.

50. 다음 <보기> 의 괄호는 일정한 규칙에 따라서 숫자가 됩니다. 규칙을 찾아 □ 에 알맞은 숫자를 적어 보세요. [5 점]

보기

$$(2 , 4 , 10) = 7$$
$$(3 , 9 , 3) = 4$$
$$(8 , 16 , 48) = 8$$
$$(6 , 30 , 12) = \boxed{}$$

Part 3

STEAM /심층 면접

⑤ STEAM 융합

⑥ 심층 면접

5 | STEAM 융합

01. 다음 자료를 읽고 물음에 답하세요. [10 점]

<자료>

사막의 최고기온은 높으면 50 ℃ 이상 올라가는 경우도 있지만 그늘에 들어가면 오히려 선선함을 느낀다고 합니다. 하지만 오히려 기온이 낮은 우리나라의 여름의 경우는 그렇지 않습니다. 온도가 낮음에도 이런 현상이 발생하는 이유는 체감온도가 다르기 때문입니다. 이 체감온도는 단순한 기온뿐만 아니라 바람, 습도, 태양복사에너지 등의 기상요인이 종합되어 작용함으로써 결정됩니다. 현재 체감온도 산정방식으로는 일반적으로 '불쾌지수' 라는 것이 일반적으로 쓰이고 있습니다. 이 불쾌지수를 계산하는 식은 다음과 같습니다.

· 불쾌지수 = 0.72 × (기온 + 습구온도) + 40.6

한국인의 경우 불쾌지수 75 ~ 80 의 경우에는 10 % 정도가, 80 ~ 83 의 경우 50 % 정도가, 84 이상의 경우에는 대부분이 불쾌감을 느끼는 것으로 조사되었습니다.

(1) 사람들이 느끼는 '체감온도' 에 영향을 줄 수 있는 조건들에는 어떠한 것들이 있을지 적어 보세요. [4 점]

(2) 현재 우리나라의 기온이 섭씨 30 ℃, 습구온도는 섭씨 25 ℃ 라고 한다면 우리나라 사람 중 몇 % 정도가 불쾌감을 느낄지 적어 보세요. [6 점]

02. 다음 자료를 읽고 물음에 답하세요. [10 점]

<자료>

'고인돌' 은 말 그대로 돌을 고였다 하여 붙여진 이름으로, 청동기 시대의 대표적인 무덤 형식입니다. 무덤 속에는 주검만을 묻는 것이 아니라 그 밑에 토기나 석기, 청동기 등의 다양한 유물을 묻기도 하였으므로 '고인돌' 은 청동기 시대의 사회상을 파악하는 데 매우 중요한 유적입니다. '고인돌' 은 전 세계에서 발견되었지만, 특히 우리나라를 포함한 동북아시아 지역에서 많이 발견되고 있습니다. '고인돌' 은 신분등에 관계없이 누구나 묻힐 수 있는 일반적인 무덤형식이었으며 그 크기도 매우 다양합니다. 고인돌의 덮개돌 무게는 보통 10 톤 미만이지만 대형 고인돌은 20 ~ 40 톤에 이르며, 심지어 100 톤 이상 나가는 것도 있습니다.

▲ 고창 고인돌

(1) 실험에 따르면 1 톤짜리 덮개돌을 약 1.5 km 옮기는 데만 해도 20 명 정도가 끌어야 한다고 합니다. 중장비가 없었을 청동기 시대에 어떠한 방식으로 수십 톤의 덮개돌을 올릴 수 있었을지 적어 보세요. [5 점]

(2) 아래의 고인돌들에서 찾을 수 있는 도형을 모두 적어 보세요. [5 점]

5 | STEAM 융합

03. 다음 자료를 읽고 물음에 답하세요. [10 점]

<자료 1>

스포츠나 오락 경기에서 승부를 가리기 위한 경기 진행방식으로는 대표적으로 리그전과 토너먼트전이 있습니다. 리그전은 대회에 참가한 모든 팀이 각각 돌아가면서 한 차례씩 대전하여 그 성적에 따라 순위를 가리는 경기 방식입니다. 참가한 모든 팀에게 평등하게 시합할 기회가 주어져서 가장 성적이 좋은 팀에게 우승이 주어지는 경기방식 입니다. 토너먼트전은 대진표에 따라 이기면 올라가고 지면 탈락하는 방식으로 한 경기만 지더라도 대회에서 탈락하기 때문에 대진표가 정해지는 것에 따라서 우승자가 달라지는 경우도 많습니다.

<자료 2>

월드컵 본선의 경우 32 개의 팀이 4 팀씩 8 개의 조로 분류되어 각 조에서 리그전을 통해 상위 2 팀이 16 강에 올라가게 됩니다. 16 강부터는 대진표에 의한 토너먼트전으로서 1 경기만 져도 탈락하게 됩니다. 본래 패자 간의 순위는 따지지 않지만 4 강에서 탈락한 두 팀간에는 3, 4 위를 결정하는 순위 결정전을 치르게 됩니다. 우리나라의 경우 2002 년 월드컵에서 4 강까지 올라가서 4 위, 2019년 U-20 월드컵에서 준우승을 한 기록을 가지고 있습니다.

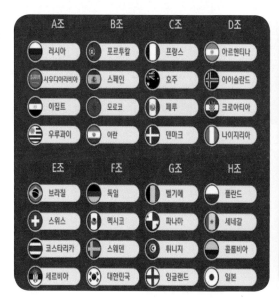

▲ 월드컵 32 강 조편성

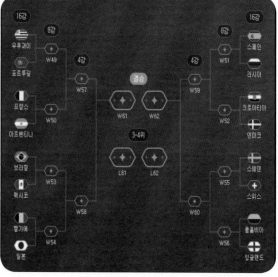

▲ 월드컵 16강 대진표

정답 및 해설 / 예시 답안
·············> P. 52

(1) 우리나라가 2002 년 월드컵 본선에서 치른 경기 수는 몇 경기일지 적어 보세요. [5 점]

(2) 리그전과 토너먼트전의 장점과 단점에 대해서 자신의 생각을 적어 보세요. [5 점]

5 | STEAM 융합

04. 다음 자료를 읽고 물음에 답하세요. [10 점]

<자료 1>

우리의 눈은 '양안 시야'에 있는 물체만 입체로 볼 수 있습니다. 사람의 눈은 정면을 바라볼 때 각각 약 140° ~ 150° 만을 볼 수 있고, 각 눈의 시야 범위가 겹쳐지는 약 120° 정도의 시야를 '양안 시야'라고 합니다. 일반적으로 고등동물로 진화될수록 물체를 입체적으로 보는 능력이 필요하므로 보다 넓은 범위의 양안시야를 위하여 두 눈의 위치가 옆쪽에서 앞쪽으로 이동된 양안 앞눈구조를 가진다고 합니다. 사람의 경우 가장 넓은 양안시야를 갖고 있기 때문에 입체감 즉, 물체와의 거리감을 제대로 인지할 수 있어서 동물에 비해 손, 발을 이용하는 정밀한 작업을 할 수 있습니다.

<자료 2>

우리가 양안 시야 안에 있는 물체들에 대해 광각의 크기에 따라서 입체감, 거리감을 판단합니다. 광각이란 아래의 그림과 같이 두 눈과 물체가 이루는 각 ∠ APB 를 의미합니다.

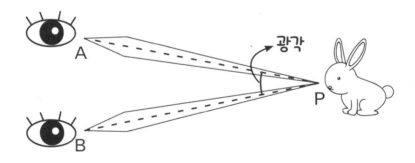

▲ 광각 설명 그림

(1) 우리는 물체와의 거리를 광각의 크기로 판단합니다. 광각의 크기와 물체의 거리와의 관계에 대해 적어 보세요. [4 점]

(2) 초식동물의 경우 대부분 눈이 옆쪽에 있어서 아주 적은 양안 시야 범위를 가지고 있지만 거의 360°를 볼 수 있는 굉장히 넓은 단안 시야 범위(전경 시야)를 가지고 있습니다. 반면 육식동물의 경우 눈이 앞쪽에 있어서 넓은 양안 시야 범위를 가지고 있습니다. 왜 이러한 방식으로 진화했을지 적어 보세요. [6 점]

5 | STEAM 융합

05. 다음 자료를 읽고 물음에 답하시오. [10점]

<자료 1>

'계란으로 바위치기' 라는 속담도 있듯이 흔히 계란을 떠올리면 쉽게 깨지는 것으로 생각합니다. 하지만 달걀의 생김새는 아치형 구조로서 힘을 좌우로 분산시켜서 잘 깨지지 않게 되어 있습니다. 어느 한 점에 대한 타격으로는 쉽게 깨트릴 수 있지만, 실제로 손으로 쥐는 것으로 달걀을 깨기 위해서는 생각 이상의 악력이 필요하며, 가로로 쥐어서 깨는 것보다 세로로 쥐어서 깨는 것은 더욱 어렵습니다.

<자료 2>

아치형 지지대의 다리가 최초로 등장한 정확한 순간은 알려져 있지 않지만 아치형 다리의 개발과 사용은 기원전 2500 년경의 인더스 문명과 관련된 것으로 여겨집니다. 이러한 아치형 다리는 건너는 사람들의 무게를 좌우로 분산시켜주기 때문에 쉽게 무너지지 않는 길고 튼튼한 다리를 만드는 것을 가능하게 해주었습니다.

▲ 아치형 다리의 모습

정답 및 해설 / 예시 답안
·············> P. 53

(1) 우리의 주변에서 이러한 아치형 구조가 쓰이고 있는 예를 다리 외에 찾아보세요. [4 점]

(2) 다음 <보기> 를 읽고 무한, 상상, 알탐, 영재 4 명을 악력이 더 센 사람부터 나열해 보세요. [6 점]

보기

- 세로로 쥐어서 달걀을 깰 수 있는 사람은 1 명입니다.
- 가로로 쥐어서 달걀을 깰 수 있는 사람은 2 명입니다.
- 무한이는 4 명 중 악력이 가장 약합니다.
- 상상이는 가로로는 달걀을 깰 수 있지만, 세로로는 깨지 못합니다.
- 영재는 알탐이보다 악력이 셉니다.

06. 다음 자료를 읽고 물음에 답하세요. [10 점]

<자료>

마인드맵은 수많은 정보를 재빠르게 접할 수 있도록 도와주는 재미있고 쉬운 저널기법으로서 클러스터링이라고도 불립니다. 여기서 클러스터란 포도, 버찌 등의 송이, 다발에서 나온 말로 같은 종류의 물건 또는 사람의 무리, 집단을 말합니다. 마인드맵은 한 가지 동일한 일에 대해 마음속에 흩어진 생각과 정보들을 아래 그림과 같이 다발처럼 연결된 지도로 그리면서 정리하는 방식을 말합니다.

▲ 마인드맵 구조

마인드맵 기법은 자료를 정리하는 데에 있어서 시간을 효과적으로 쓸 수 있는 기법입니다. 또한 연상 작용이 필요하기 때문에 사람의 잠재의식을 표면화하는 것을 도와주기도 하며, 기억력 향상에도 도움을 줍니다.

정답 및 해설 / 예시 답안
············ > P. 53

(1) '영재' 라는 주제에 대해서 생각해보고 마인드맵을 그려 보세요. [5 점]

(2) 마인드맵은 기억을 하기 쉬운 기억방법 중 하나입니다. 마인드맵 외에 본인만의 기억 방법을 적어 보세요. [5 점]

5 | STEAM 융합

07. 다음 자료를 읽고 물음에 답하시오. [10 점]

<자료 1>

마라톤은 42.195 km 를 달리는 장거리 종목으로, 인간의 지구력의 한계를 시험하는 경기입니다. 마라톤은 기원전 490 년 그리스와 페르시아의 전쟁에서 그리스의 승전보를 알리기 위해 한 병사가 마라톤이란 지역에서 아테네까지 40 km 나 되는 거리를 달려서 온 것이 기원이 됩니다. 최초로 42.195 km 의 거리로 경기를 한 대회는 1908 년 런던올림픽이었으며 이 거리를 정식으로 채택한 것은 1924 년 부터입니다. 일반인은 완주할 수 없을 만한 거리이지만 세계적인 마라토너의 경우 2 시간 10 분 이내에 완주합니다. 최근에는 건강증진의 수단으로 달리기를 선호하는 사람이 많아져서 5 km, 10 km 등의 건강 마라톤대회도 많이 진행되고 있습니다.

▲ 세계 6대 마라톤 대회인 베를린 마라톤 대회 모습

<자료 2>

거리를 재는 많은 단위들이 있지만 우리가 자주 쓰는 단위들은 다음과 같습니다.

1 cm (센티미터), 1 m (미터), 1 km (킬로미터), 1 mile (마일), 1 inch (인치), 1 yard (야드)

우리나라에서는 센티미터, 미터, 킬로미터 단위를 많이 사용하지만 영국이나 미국의 경우 마일, 야드 등의 단위를 많이 사용합니다. 1 km 는 1000 m 이고, 1 m 는 100 cm 입니다.

정답 및 해설 / 예시 답안
............> P. 54

(1) 한 마라토너가 마라톤 경기를 준비하고 있습니다. 40 km 를 달리는데 2 시간 40 분이 걸렸다면 평균적으로 1 분에 몇 m 를 달렸을지 적어 보세요. [5 점]

(2) 마라톤 기록의 경우 통상적으로 소수점 아래로는 측정하지 않습니다. 하지만 다른 종목의 경우에는 소수점 둘째 자리 또는 셋째 자리까지 측정을 하기도 합니다. 소수점 아래까지 측정하는 종목은 어떠한 것들이 있을지 적어보고, 왜 소수점 아래까지 기록을 측정하는지에 대해 자신의 생각을 적어 보세요. [5 점]

5 | STEAM 융합

08. 다음 기사와 자료를 읽고 물음에 답하시오. [10 점]

<자료 1>

2019 년 통계 기준으로 세계 인구는 약 77 억 명입니다. 1850 년에는 약 12 억 명 정도였던 세계 인구는 산업혁명과 각종 의학기술의 발달로 인하여 170 년 사이에 약 65 억 명이 증가한 것입니다. 이러한 추세로 인구가 늘어간다면 2030 년 경에는 약 85 억 명, 2050 년 경에는 약 100 억 명까지 증가할 것으로 예상됩니다.

<자료 2>

인구 증가율이란 일정한 지역 안에 사는 인구가 증가하는 비율을 가리키는 것으로 인구 성장률이라고도 하며 {(기준 연도의 인구 − 비교 연도의 인구) ÷ 비교 연도의 인구} × 100 으로 계산됩니다. 우리나라의 전년 대비 인구 증가율은 현재 0.2 % 로 점점 낮아지고 있는 추세이며, 2030 년 경에는 우리나라 인구 증가율이 마이너스로 바뀌어 전체 인구가 점점 감소할 것으로 예상되고 있습니다.

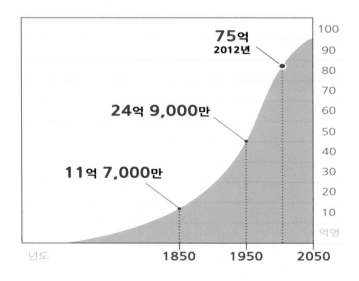

▲ 인구 증가 그래프

정답 및 해설 / 예시 답안
·············> P. 54

(1) 다음 각 질문에 답하세요. [6 점]

　① 다음 각각의 인구 증가율을 구해 보세요.

　　ㄱ. 2019 년 기준 1850 년 대비 인구 증가율

　　ㄴ. 2030 년 기준 2019 년 대비 인구 증가율

　　ㄷ. 2050 년 기준 2030 년 대비 인구 증가율

　② ① 에서 구한 인구 증가율을 토대로 2050 년 이후 세계 인구는 어떻게 변해갈지 예상해 보세요.

(2) 우리 나라의 인구는 2030 년을 기점으로 감소할 것으로 예상되지만 세계 인구는 계속 늘어갈 것으로 예
　상되고 있습니다. 우리나라의 인구수는 감소하지만 세계 인구수는 늘어나는 이유를 적어 보세요. [4 점]

09. 다음 자료를 읽고 물음에 답하시오. [10 점]

<자료>

우리가 사는 지구는 자전과 공전을 합니다. 자전이란 지구가 북극과 남극을 이은 가상의 축을 중심으로 하루에 한 바퀴씩 서쪽에서 동쪽으로 회전하는 것을 말하고 공전이란 지구가 태양을 중심으로 1년에 한 바퀴씩 서쪽에서 동쪽으로 회전하는 것을 말합니다. 지구가 이와 같이 자전을 함으로 인해서 밤과 낮이 생기게 되었고, 공전을 함으로 인해서 계절의 변화가 생기게 되었습니다. 한 가지 신기한 점은 지구의 자전 속도와 공전 속도를 계산해 본다면 상상 이상으로 빠르다는 것입니다. 지구의 자전속도는 약 464m/s (1 초에 464 m 를 움직이는 속도) 이고 공전 속도는 30 km/s (1 초에 30 km 를 움직이는 속도) 입니다.

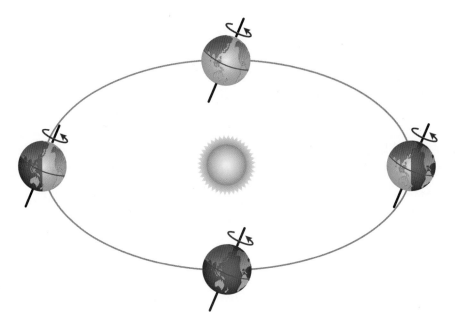

▲ 지구의 공전, 자전

정답 및 해설 / 예시 답안
············> P. 55

(1) 지구는 자전할 때 1 시간에 몇 °회전하는지 적어 보세요. [5 점]

(2) 지구의 공전 속도는 30 km/s 정도로 굉장히 빠르지만 우리는 그것을 전혀 느끼지 못합니다. 우리의 주변에서 이와 비슷한 상황은 어떤 것들이 있을지 적어 보세요. [5 점]

10. 다음 자료를 읽고 물음에 답하시오. [10 점]

<자료 1>

'칠교놀이' 란 오른쪽 그림과 같이 정사각형을 일곱 조각으로 나누어서 각 조각들을 재배열해서 온갖 사물 또는 도형을 만들며 노는 놀이입니다. 중국에서 처음 시작된 '칠교놀이' 는 지혜판이라고 불렸으며, 탱그램(Tangram) 이란 이름으로 세계에 퍼졌으며 우리나라에서도 그 역사가 매우 깊습니다.

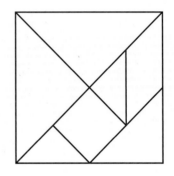

▲ 말탄 사람

▲ 칠교놀이 예시

▲ 배

<자료 2>

'수의 비' 라는 것은 수의 양을 기호 : 를 사용하여 나타내는 것을 말합니다. 이와 같은 비는 우리의 일상에서도 많이 쓰이고 있습니다. 축구경기에서 양 팀의 점수를 2 : 1 로 표현하거나 음식을 만들 때 재료의 양을 맞추기 위해 각 재료를 몇 대 몇으로 넣어야 한다 등으로 쓰입니다.

정답 및 해설 / 예시 답안
............> P.55

(1) 아래의 도형에서 ① 번, ② 번, ③ 번 조각의 넓이를 비(① 의 넓이 : ② 의 넓이 : ③ 의 넓이)로 표현해 보세요. (단, ③ 의 넓이를 1 이라고 생각합니다.) [4 점]

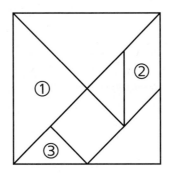

(2) <자료 1> 의 칠교놀이 조각 7 개를 모두 이용하여 아래와 같은 도형을 만들어 보세요. [6 점]

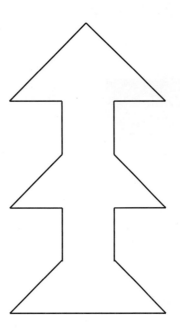

5 | STEAM 융합

11. 다음 자료를 읽고 물음에 답하시오. [10 점]

<자료>

기수법이란 수를 표기하는 방식을 뜻합니다. 그중 현재 우리가 쓰고 있는 10 진법은 인도에서 사용한 기수법으로써 아라비아 상인들에 의해 전 세계로 퍼져서 아라비아 숫자라고도 불립니다. 10 진법은 자 릿값이 올라감에 따라 10 배씩 커지는 수의 표시법으로 0 ~ 9 까지의 수를 사용하여 큰 수를 표현하기 에 편리하고 거의 모든 나라에서 쓰이고 있는 기수법입니다. 3547 이란 수를 10 진법의 원리로 분해하 면 다음과 같습니다.

$$3547 = (3 \times 1000) + (5 \times 100) + (4 \times 10) + (7 \times 1)$$

컴퓨터 프로그램은 10 진법의 수 대신 2 진법의 수를 사용합니다. 2 진법은 자릿값이 올라감에 따라 2 배씩 커지는 수의 표시법으로 0, 1 이 두 개의 수만을 이용하여 수를 표시하기 때문에 매우 쉽게 수를 나 타낼 수 있습니다. 나타내는 방식은 간단하지만 큰 수일수록 수의 길이가 훨씬 길어지게 됩니다. $1011_{(2)}$ 를 2 진법의 원리로 분해하여 10 진법의 수로 나타내면 다음과 같습니다.

$$1011_{(2)} = (1 \times 8) + (0 \times 4) + (1 \times 2) + (1 \times 1) = 11$$

▲ 컴퓨터   ▲ 컴퓨터에 사용되는 2진수

정답 및 해설 / 예시 답안
··········> P. 56

(1) 5진법으로 쓰여진 431 ₍₅₎을 10진법의 수로 표현해 보세요. [5점]

(2) 12진법, 60진법이 활용되는 예는 어떠한 것들이 있을지 적어 보세요. [5점]

12. 다음 자료를 읽고 물음에 답하시오. [10 점]

<자료>

우리 주변에는 전기 코드를 꽂아서 사용하는 전자제품들이 많지만 건전지를 넣어서 사용하는 제품들도 많이 있습니다.

아래의 두 그림은 건전지를 연결하는 방식을 보여주는 그림입니다. 왼쪽 그림에서처럼 건전지를 가로로 연결하는 것은 직렬연결이라 말하고, 건전지를 세로로 연결하는 것은 병렬연결이라 말합니다. 건전지를 직렬연결하면 각 건전지의 힘(전압)은 합해지고, 병렬연결하면 합해지지 않고 그대로 유지됩니다. 즉, 아래의 왼쪽 그림에서 건전지 1개의 힘(전압)이 1.5 V 라면 직렬로 2 개를 연결하면 총 건전지의 힘(전압)은 3 V 이고, 건전지를 3 개 연결하더라도 아래의 오른쪽 그림과 같이 병렬로 연결하면 총 건전지의 힘(전압)은 1.5 V 입니다. 다만, 건전지를 직렬로 연결할 경우 하나에 문제가 생기면 전체에 전기가 흐르지 않게 됩니다. 건전지를 병렬로 연결하면 하나에 문제가 생겨도 전체에 전기가 정상적으로 공급이 가능하기 때문에 가정용 전기 기구는 대부분이 이러한 병렬 연결을 선호해서 사용합니다.

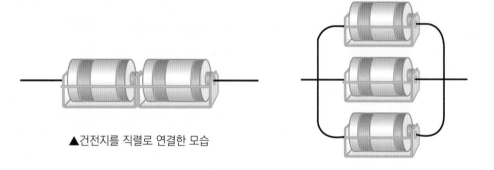

▲건전지를 직렬로 연결한 모습

▲건전지를 병렬로 연결한 모습

(1) 각 건전지의 힘(전압)이 1.5 V 이라면 아래와 같이 연결했을 때 총 건전지의 힘(전압)은 얼마일지 구해 보세요. [6 점]

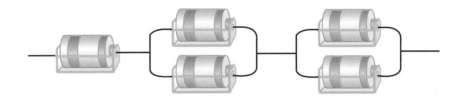

(2) 저항이란 일정한 전압이 걸릴 수 있도록 중간에서 전기의 흐름을 방해하는 역할을 합니다. 우리의 주변 에서 저항과 같은 역할을 하는 것은 무엇이 있을지 적어 보세요. [4 점]

6 | 심층 면접

13. 책의 모양이 사각형이 아니라 원이나 삼각형이라면 불편한 점을 말해 보세요. [5 점]

14. A, B, C, D 이 4 명이 한 대의 배를 타고 강을 건너려고 합니다. 각 사람이 혼자 배를 타고 건너가는 시간은 각각 1 분, 2 분, 4 분, 9 분입니다. 배에는 최대 2 명까지 탈 수 있으며 2 명이 타면 두 사람 중 오래 걸리는 사람이 혼자 타고 건너갈 때와 같은 시간이 걸립니다. 반드시 배를 이용해서만 강을 건너야 할 때, 가장 적은 시간 내에 4 명 모두 강을 건널 수 있는 방법을 말해 보세요. [5 점]

15. 영재교육원에 입학했을 때, 본인이 생각한 만큼 수업 내용을 따라가기 쉽지 않은 경우가 있을 수 있습니다. 내가 그러한 상황이라면 어떤 방법으로 이 문제를 해결할지 말해 보세요. [5 점]

16. 여름 휴가철의 바닷가에는 하루에 50 만 명이 넘을 정도로 많은 사람들이 몰립니다. 어떻게 50 만 명이 넘는 수인지를 알 수 있었을지 자신의 방법을 말해 보세요. [5 점]

17. 최근 유해 외래종인 미국가재가 우리 생태계를 위협하고 있습니다. 한 저수지에 이 미국가재가 많이 서식한다는 보도로 인해서 많은 사람들이 미국가재를 잡으러 해당 저수지를 방문했는데, 정작 인근에 살고 있는 주민들은 방문한 사람들이 무분별하게 버리고 간 쓰레기 때문에 고민이라고 합니다. 이 쓰레기 문제를 처리할 수 있는 방법을 말해 보세요. [5 점]

18. 0 시 00 분이 지난 후부터, 24 시 00 분이 되기 전까지 시계의 시침과 분침은 몇 번이나 만날까요? [5 점]

19. 하늘을 날 기술이 없었던 옛날 사람들은 지구가 둥글다는 것을 어떻게 알아냈을지 말해 보세요. [5 점]

20. 수학분야를 선택한 이유와 추후에 하고 싶은 일 또는 배우고 싶은 것에 대해 말해 보세요. [5 점]

메모

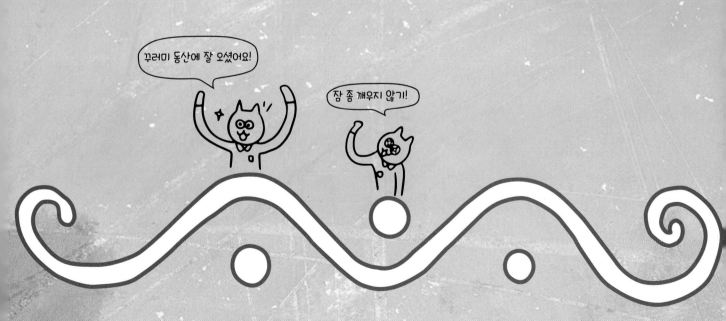

아이앤아이

영재교육원 대비 **꾸러미 120제**

정답 및 해설

예시 답안 수학 초등 1~3

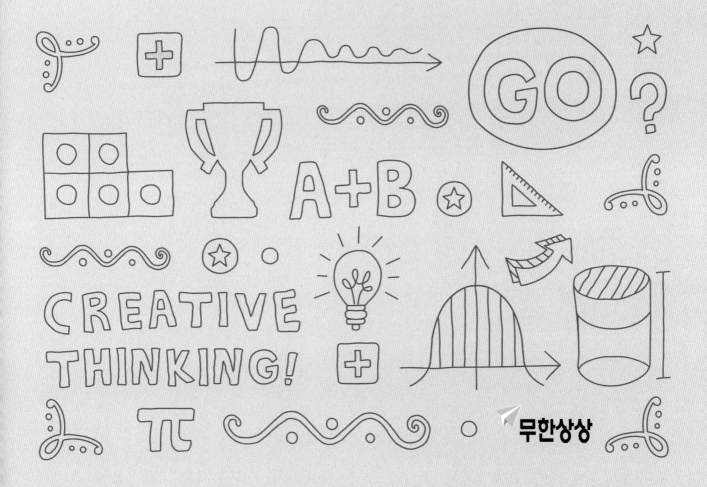

무한상상

무한상상

창·의·력·과·학

I&I 앤 아이아이 시리즈

물리
화학
생명과학
지구과학

초등6
초등5
초등4
초등3

영재학교·과학고

꾸러미 48제 **모의고사** (수학/과학)

꾸러미 120제 (수학/과학)

영재교육원
종합대비서 **꾸러미** (수학/과학)

영재교육원·영재성검사

영재교육원 대비 꾸러미 120제

정답 및 해설

예시 답안

수학 초등 1~3

▶ 나의 문제 해결방법이 맞는지 체크하고 창의력 점수를 매겨보자.

CREATIVE
THINKING!

무한상상

· 총 10 문제입니다. 각 평가표에 있는 기준별로 배점을 했습니다. / 단원 말미에서 성취도 등급을 확인하세요.

문 01
P. 12

문항 분석 및 평가표

──→ 문항 분석 : 글자들을 조합해서 단어를 먼저 찾아보도록 합니다. 합격과 영재교육원이란 단어를 먼저 조합합니다.

──→ 평가표 :

정답 틀림	0점
정답 맞음	4점

정답 및 해설

──→ 정답 : 영재교육원에 합격했다.

문 02
P. 12

문항 분석 및 평가표

──→ 문항 분석 : 한 단어를 보고 그와 연관된 단어를 연상하는 문항입니다. 정답은 단 하나로 정해진 것이 아닙니다.

──→ 평가표 :

정답 틀림	0점
적절한 단어를 모두 채움	4점

출제자 예시 답안

──→ 정답 :

학용품	선생님	수업
방학	학교	새 학기
친구	시험	졸업

문 03
P.13

문항 분석 및 평가표

⟶ 문항 분석 : 확실한 정답이 정해져 있지 않은 열린 문항으로 학생의 창의성을 평가합니다. 출제자 예시답안 뿐만 아니라 <보기> 단어의 관계와 같은 관계를 갖는 단어 쌍은 정답으로 판단합니다.

⟶ 평가표 :

㈎, ㈏ 모두 정답 틀림	0점
㈎, ㈏ 중 한 가지만 타당한 정답	3점
㈎, ㈏ 모두 타당한 정답	5점

출제자 예시답안

⟶ 정답 : ㈎ 입학 – 재학 – 졸업, 입학 – 새학기 – 방학
　　　　 ㈏ 예약 – 발권 – 탑승, 예약 – 식사 – 계산, 예약 – 관람 – 퇴장

⟶ 해설 : 사건이나 일이 진행되는 순서에 따라 단어를 배열해놓은 것입니다.
　　　　 위의 예시답안 외에도 타당한 순서관계 단어를 찾은 것은 정답으로 판단합니다.

문 04
P.13

문항 분석 및 평가표

⟶ 문항 분석 : 각 단어들을 보면 여러 단어가 연상이 될 수 있는데 주어진 5가지의 단어 모두 연상이 가능한 단어를 찾아내는 문항입니다.

⟶ 평가표 :

정답 틀림	0점
정답 맞음	5점

정답 및 해설

⟶ 정답 : 시험

⟶ 해설 : 미역국 : 시험 보기 전에 미역국을 먹으면 시험에 떨어진다라는 옛말에서 연상
　　　　 엿 : 미역국과는 반대로 시험 보기 전에 먹으면 시험에 붙는다는 옛말에서 연상
　　　　 필기구 : 시험을 보러 가기 전에는 필기구를 제대로 챙겼나 확인해야 한다.
　　　　 시계 : 시험은 제한시간이 존재하기 때문에 시계를 봐가면서 시험을 풀어야 한다.
　　　　 집중 : 시험에서 본인의 실력을 제대로 발휘하기 위해선 집중을 해야 한다.
　　　 · 다른 정답이더라도 충분한 연관성이 있으면 정답으로 인정합니다.

문 05
P.14

문항 분석 및 평가표

⟶ 문항 분석 : 삼단논법에 관련된 문항입니다. A 이면 B 이고, B 이면 C 라면 A 이면 C 이다 라는 문장을 만들 수 있습니다.

⟶ 평가표 :

2 가지 모두 타당한 문장이 아님	0점
1 가지 문장만 타당한 경우	3점
2 가지 문장 모두 타당한 경우	5점

정답 및 해설

──▶ 정답 : 1. 결혼을 한 사람은 부자이다.

2. 부자가 아닌 사람은 결혼을 안 한 사람이다.

문 06
P. 14

문항 분석 및 평가표

──▶ 문항 분석 : 각 문장을 순서대로 읽으면서 알아낼 수 있는 부분부터 먼저 찾아보도록 합니다.

──▶ 평가표 :

정답 틀림	0점
정답 맞음	6점

정답 및 해설

──▶ 정답 : B 조 – D 조 – A 조 – C 조

──▶ 해설 : ㄴ 과 ㄷ 을 보면 D 조가 A 조와 B 조 사이에 발표했다는 것을 알 수 있습니다.

・ㄹ 을 보면 A 조가 B 조보다 빨리 발표했다고 하면 A 조와 B 조 사이에 두 조가 발표한 것이 되어버립니다. 따라서 B 조가 A 조보다 먼저 발표하였고 전체 순서는 B – D – A – C 입니다.

문 07
P. 15

문항 분석 및 평가표

──▶ 문항 분석 : 양들을 다치지 않게 모든 동물을 태우고 가기 위해선 늑대는 혼자 있거나 무한이와 항상 같이 있어야 합니다.

──▶ 평가표 :

정답 틀림	0점
정답 맞음	5점

정답 및 해설

──▶ 정답 : ① 늑대와 먼저 강을 건너 늑대만 두고 돌아온다.

② 양 한 마리를 데리고 강을 건너 양을 두고 늑대를 다시 데리고 돌아온다.

③ 늑대를 내리고 양을 데리고 강을 건너가서 양을 내리고 다시 돌아온다.

④ 늑대를 데리고 강을 건너간다.

문 08
P. 16

문항 분석 및 평가표

──▶ 문항 분석 : 우리가 쓰는 말은 두 가지 이상의 의미를 가지고 있는 경우가 많습니다. 단어를 쓸 때 의미를 잘 생각해보도록 합시다.

──▶ 평가표 :

(1), (2) 모두 정답 틀림	0점
(1), (2) 중 하나만 정답 맞음	3점
(1), (2) 모두 정답 맞음	5점

출제자 예시 답안

──> 정답 : (1) 1. 무한이는 영재교육원에 붙었다. 2. 딱풀로 색종이를 붙였다. 3. 벽에 등을 붙이고 쉬다.

　　　　　(2) 1. 왼쪽 코너로 돌다. 2. 표정에 화색이 돌았다. 3. 돌려서 말하면 알아듣기 힘들다.

문 09
P. 17

문항 분석 및 평가표

──> 문항 분석 : 각 문장을 순서대로 읽으면서 알아낼 수 있는 부분부터 먼저 찾아보도록 합니다.

──> 평가표 :

정답 틀림	0점
정답 맞음	6점

정답 및 해설

──> 정답 : 재석이

──> 해설 : (1) 무한이는 바위를 냈고, 재석이는 무한이에게 이기는 것을 냈으므로 보를 냈다.

　　　　　(2) 상상이와 알탐이는 같은 것을 냈고, 상상, 알탐, 영재 3 명은 가위를 내지 않았다.

　　　　　(3) 상상이, 알탐이 2 명과 영재는 가위가 아닌 서로 다른 것을 냈다.

　　　　　(4) 상상이, 알탐이가 바위를 내고 영재가 보를 내면 지는 사람이 3 명이고 상상이, 알탐이가 보를 내고 영재가 바위를 내면 지는 사람이 2 명이므로 지는 사람은 늘 2 명 이상이다.

　　　　　(5) 지는 사람이 2 명 이상이면 재석이가 아이스크림을 산다.

문 10
P. 17

문항 분석 및 평가표

──> 문항 분석 : 집에서 내가 안 쓰는 물건 중 어떤 걸 가져갈지 적어 보도록 합니다.

──> 평가표 :

적절한 물건이 아님	0점
적절한 물건임	5점

출제자 예시 답안

──> 집에서 안쓰는 인형이나 장난감, 다 읽은 책 등을 가져가서 팔아보는 상상을 해보면서 초등학생들이 부담없이 살 수 있는 가격을 생각해 봅시다.

점수에 따른 성취도 등급

등급	1등급	2등급	3등급	4등급	5등급	총점
평가	40 점 이상	30 점 이상 ~ 39 점 이하	20 점 이상 ~ 29 점 이하	10 점 이상 ~ 19 점 이하	9 점 이하	50 점

2 수리논리

· 총 20 문제입니다. 각 평가표에 있는 기준별로 배점을 했습니다. / 단원 말미에서 성취도 등급을 확인하세요.

문 01

P. 18

문항 분석 및 평가표

⟶ 문항 분석 : 어떤 정사각형이 나올 수 있는지 먼저 확인해보고 각 정사각형이 몇 개 나오는지 생각해보도록 합니다.

⟶ 평가표 :

정답 틀림	0점
정답 맞음	5점

정답 및 해설

⟶ 정답 : 50 개

⟶ 해설 :

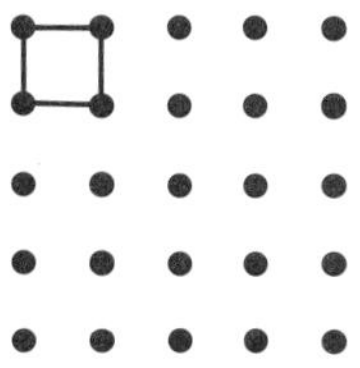

16 개

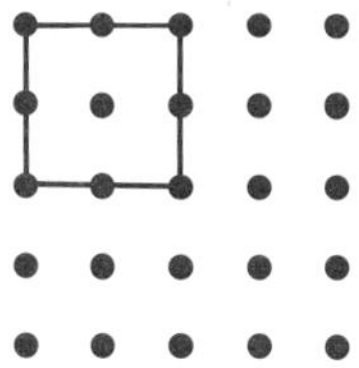

9 개

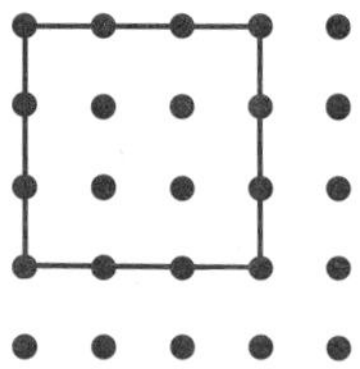

4 개

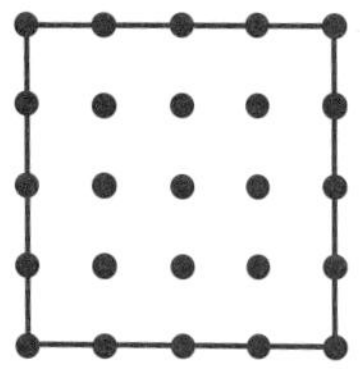

1 개

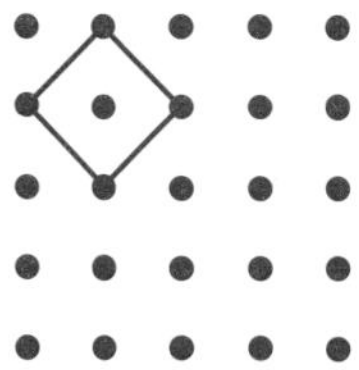

9 개

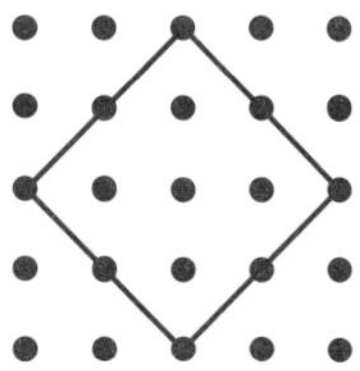

1 개

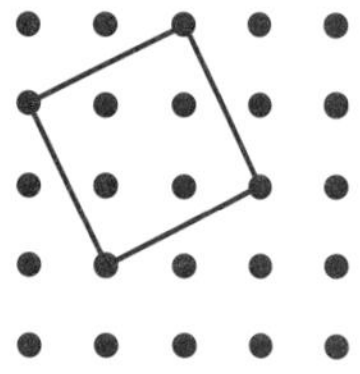

4 개

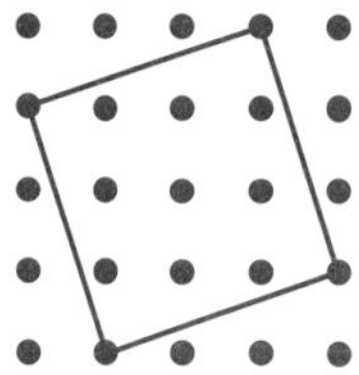

1 개

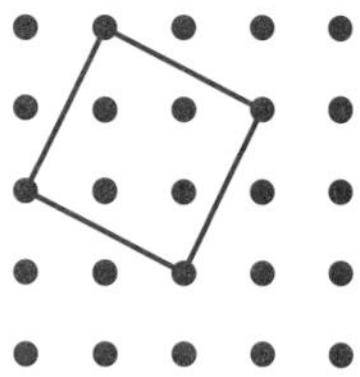

4 개

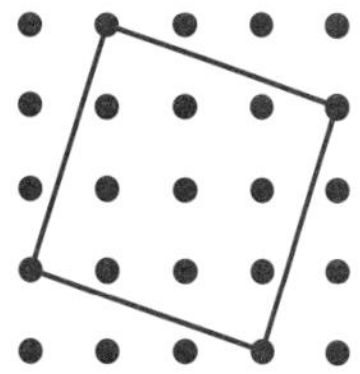

1 개

문 02
P. 18

문항 분석 및 평가표

——> 문항 분석 : 자릿수를 생각해서 식이 성립하도록 다양한 정답을 만들어 보세요.

——> 평가표 :

모든 식 정답 틀림	0점
하나의 문제가 정답일 경우	각 1점
정답 4 개 모두 맞음	5점

정답 및 해설

——> 정답 : 문제 1 : (1) 1 + 5 = 06, (2) 2 + 6 = 08, (3) 2 + 8 = 10
            문제 2 : (1) 1 + 2 + 5 = 8, (2) 0 + 1 + 5 = 6, (3) 0 + 2 + 6 = 8
            문제 3 : (1) 0 + 8 − 2 = 6, (2) 0 + 6 − 1 = 5, (3) 2 + 5 − 1 = 6
            문제 4 : (1) 2 × 5 = 10, (2) 2 × 8 = 16

문 03
P. 19

문항 분석 및 평가표

——> 문항 분석 : 각 도형에 색칠된 부분을 분수로 표현한 뒤 분모의 최소공배수를 찾아 분수식을 계산합니다.

——> 평가표 :

정답 틀림	0점
정답 맞음	4점

정답 및 해설

——> 정답 : $\dfrac{19}{30}$

——> 해설 : 각 도형의 색칠된 부분을 분수로 표현하면 다음과 같다.

 $= \dfrac{1}{2}$ $= \dfrac{1}{3}$ $= \dfrac{1}{5}$

따라서 식은 다음과 같다.

$$\dfrac{1}{2} + \dfrac{1}{3} - \dfrac{1}{5} = \dfrac{19}{30}$$

문 04
P. 19

문항 분석 및 평가표

——> 문항 분석 : □ 년이 지났을 때 나이를 생각해보고, 그때 내 나이를 두 번 더했을 때 아빠의 나이가 되는지
            확인해보자.

——> 평가표 :

정답 틀림	0점
정답 맞음	4점

정답및해설

$\longrightarrow$ 정답 : 27 세

$\longrightarrow$ 해설 : 아빠는 35 세, 나는 8 세 였을 때에서 □ 년이 지났다고 생각하자.

□ 년이 지난 후 아빠의 나이는 35 + □ 세, 내 나이는 8 + □ 세입니다.

아빠의 나이가 내 나이를 두 번 더한 것과 같으므로 식은 다음과 같습니다.

35 + □ = 8 + □ + 8 + □

따라서 □ = 19 이고, 19 년 뒤 내 나이는 27 세가 됩니다.

문 05
P. 20

문항 분석및 평가표

$\longrightarrow$ 문항 분석 : 남자 사촌 수를 2 □ 명이라고 하고 조건에 맞게 생각해 봅시다.

$\longrightarrow$ 평가표 :

정답 틀림	0점
정답 맞음	5점

정답및 해설

$\longrightarrow$ 정답 : 남자 사촌은 4 명이다.

$\longrightarrow$ 해설 : 남자 사촌을 2 □ 명이라고 합시다. 한 소년은 총 남자 사촌 수에 포함이 되므로 이 소년의 입장에서 본 남자 사촌 수는 (2 □ − 1) 명입니다. 이는 여자 사촌 수입니다. 따라서 한 명의 여자 사촌 입장에서 본 여자 사촌들의 수는 (2 □ − 2) 명입니다. 이는 총 남자 사촌 수의 절반과 같으므로 □ 과 같습니다.

· 따라서 □ = 2 이고 총 남자 사촌 수는 4 명입니다.

문 06
P. 20

문항 분석및 평가표

$\longrightarrow$ 문항 분석 : 숫자들이 나열되어 있는 것을 보고 다음에 나타날 수를 유추하는 문항입니다.

$\longrightarrow$ 평가표 :

정답 틀림	0점
정답 맞음	4점

정답및 해설

$\longrightarrow$ 정답 : 8, 16

$\longrightarrow$ 해설 : 숫자들을 살펴보면 (2), (2, 4), (2, 4, 8) 과 같이 나타남을 알 수 있다.

· 숫자의 개수는 하나씩 늘어나면서 2 씩 곱해나가는 수들이 나타나고 있으므로 다음에 나타날 수는 (2, 4, 8, 16) 이 된다.

따라서 빈칸에 알맞은 수는 8 과 16 이다.

문 07
P.21

문항 분석및평가표

──➤ 문항 분석 : 식빵의 양면을 따로 구울 수 있다는 걸 생각해서 최소시간을 구해보도록 합니다.

──➤ 평가표 :

정답 틀림	0점
정답 맞음	4점

정답및해설

──➤ 정답 : 1 분 30 초

──➤ 해설 : 식빵의 한 면을 굽는데 30 초가 걸리므로 하나의 식빵을 완전히 굽는 데는 1 분이 걸립니다.

· 프라이팬에는 두 개의 식빵만 올릴 수 있으므로 두 개를 온전히 양면을 굽고 나머지 하나의 식빵을 완전히 굽는다면 총 2 분의 시간이 걸리게 됩니다.

· 하지만 처음에 올린 두 개의 식빵을 한 면만 구운 뒤 하나는 빼고 나머지 하나를 뒤집음과 동시에 굽지 않은 식빵을 올리고, 30 초 뒤 뒤늦게 올린 식빵을 뒤집고 완전히 구워진 식빵을 빼면서 한 면만 구워진 식빵의 나머지 한 면을 올리고 굽는다면 1 분 30 초 만에 구울 수 있습니다.

문 08
P.22

문항 분석및평가표

──➤ 문항 분석 : 한 번 이용하여 불량동전이 포함된 3 개의 동전을 찾고 두 번째 이용할 때 불량동전을 찾을 수 있습니다.

──➤ 평가표 :

정답 틀림	0점
정답 맞음	6점

정답및해설

──➤ 정답 : (1) 양팔 저울의 양쪽에 9 개의 동전 중 아무거나 6 개를 골라 3 개씩 올려봅니다.

여기서 양팔 저울이 평형을 이룬다면 올리지 않은 3 개의 동전 중 하나가 불량동전입니다.

평형을 이루지 않는다면 저울의 손이 올라가는 쪽의 3 개의 동전 중 하나가 불량입니다.

(2) 양팔 저울을 한 번 사용해서 위와 같이 불량동전이 포함된 3 개의 동전을 찾은 후 3 개의 동전 중 2 개를 아무거나 골라 1 개씩 올려봅니다.

평형을 이룬다면 올리지 않은 동전이 불량동전이 되고 평형을 이루지 않는다면 올라가는 쪽의 동전이 불량동전이 됩니다.

· 위와 같이 양팔 저울을 2 번만 사용하면 9 개의 동전 중 불량동전을 찾을 수 있습니다.

문 09
P.22

문항 분석및평가표

──➤ 문항 분석 : 큰 컵과 작은 컵의 관계를 잘 따져서 생각해보도록 합니다.

──➤ 평가표 :

정답 틀림	0점
정답 맞음	5점

정답 및 해설

—> 정답 : 19 잔

—> 해설 : 하나의 음료수 한 통으로 가득 따를 수 있는 음료수의 양은 큰 컵 6 잔, 작은 컵 3 잔입니다.

　　　　큰 컵 한 잔으로는 작은 컵 4 잔을 따를 수 있습니다.

　　　・ 따라서 하나의 음료수 한 통으로 작은 컵에 가득 따른다면 총 4 × 6 + 3 = 27 (잔)이 나오게 됩니다. 따라서 큰 컵에 2 잔 따르고 난 나머지를 작은 컵에 따르면 총 19 잔을 따를 수 있습니다.

문 10
P. 23

문항 분석 및 평가표

—> 문항 분석 : 리그전을 통한 경기방식은 인원이 4 명이면 총 경기 수는 6 경기, 5 명이면 10 경기이다.

—> 평가표 :

정답 틀림	0점
정답 맞음	5점

정답 및 해설

—> 정답 : 10 번

—> 해설 : 무한이, 상상이, 알탐이, 재석이, 영재 다섯 명이 모두 한 번씩 경기를 해야 합니다.

　　　・ 따라서 (무한, 상상), (무한, 알탐), (무한, 재석), (무한, 영재), (상상, 알탐), (상상, 재석), (상상, 영재), (알탐, 재석), (알탐, 영재), (재석, 영재) 총 10 번 경기를 해야 합니다.

문 11
P. 24

문항 분석 및 평가표

—> 문항 분석 : 두 번 접으면 어떤 모습일지 그려보고 풀도록 합니다.

—> 평가표 :

정답 틀림	0점
정답 맞음	5점

정답 및 해설

—> 정답 : 5 조각

—> 해설 : 끈을 절반씩 두 번 접으면 아래 그림과 같은 모양이 되고 가운데를 자르게 되면 5 조각이 나오게 됩니다.

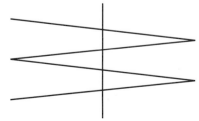

문 12
P. 24

문항 분석 및 평가표

——> 문항 분석 : 최대한 남는 부분이 없도록 자르기 위해서는 가로와 세로를 섞어서 잘라줘야 합니다.

——> 평가표 :

정답 틀림	0점
정답 맞음	6점

정답 및 해설

——> 정답 : 13 개

——> 해설 : 세로로 눕혀서 자르는 경우　가로로 눕혀서 자르는 경우　가로, 세로로 눕혀서 자르는 경우

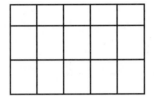 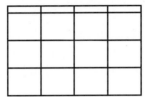 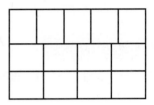

10 개로만 자를 수 있고 윗 부분이 많이 남게 된다.　12 개로 자를 수 있고 윗 부분이 조금 남게 된다.　13 개로 자를 수 있고 남는 부분이 없다.

· 따라서 최대 13 개로 자를 수 있다.

문 13
P. 25

문항 분석 및 평가표

——> 문항 분석 : 최대한 남는 부분이 없도록 자르기 위해서는 가로와 세로를 섞어서 잘라줘야 합니다.

——> 평가표 :

타당한 예 0 ~ 2 개 찾음	0점
타당한 예 3 ~ 5 개 찾음	2점
타당한 예 6 ~ 8 개 찾음	4점
타당한 예 9 ~ 10 개 찾음	5점

정답 및 해설

——> 정답 : 1. 우리나라에서 인구수 1 위인 도시는 서울이다.　2. 복식 경기는 2 : 2 로 하는 경기방식을 뜻한다.

3. 3 분 카레는 손쉽게 조리해 먹을 수 있다.　4. 농구 경기는 4 쿼터로 진행한다.

5. 어린이날은 5 월 5 일이다.　6. 초등학교 학년은 6 학년까지 있다.

7. 7 은 럭키세븐이라는 말이 있다.　8. 8 월은 여름이다.

9. 김포공항은 지하철 9 호선을 타고 갈 수 있다.　10. 10 대는 청소년으로 불린다.

문 14
P. 26

문항 분석 및 평가표

——> 문항 분석 : 30 을 말하기 위해서 그 전에는 어떤 숫자를 말해야 할지 규칙을 생각합니다.

——> 평가표 :

정답 틀림	0점
정답 맞음	5점

정답 및 해설

——> 정답 : 30 을 말한 사람이 이기는 게임입니다. 한 번에 최대 3 개의 수만 말할 수 있으므로 30 을 말하기 위해선 26 을 말해야 합니다. 같은 방법으로 따져보면 2 를 말하면 이길 수 있습니다.

문 15
P. 27

문항 분석 및 평가표

——> 문항 분석 : 너무 쉽게 생각한다면 그냥 97 만 원으로 정답을 쓸 수 있는 문항입니다. 함정을 조심하도록 합니다.

——> 평가표 :

정답 틀림	0점
정답 맞음	5점

정답 및 해설

——> 정답 : 93 만 원

——> 해설 : 보석가게 주인은 원가 90 만 원인 보석과 100 만 원에 대한 거스름돈 3 만 원을 손해 봤다.

문 16
P. 28

문항 분석 및 평가표

——> 문항 분석 : 비둘기집의 원리에 대한 문항입니다. 두 종류의 양말이 있다면 완전한 한 쌍을 만들기 위해선 3 짝의 양말을 꺼내야 합니다.

——> 평가표 :

정답 틀림	0점
정답 맞음	5점

정답 및 해설

——> 정답 : 3 짝

——> 해설 : 양말은 흰색 양말과 검은색 양말 두 종류입니다.

따라서 2 짝의 양말만 꺼낼 경우 흰색 양말 1 짝, 검은색 양말 1 짝이 나올 수가 있습니다.

· 3 짝의 양말을 꺼내면 그 중 2 짝은 반드시 같은 색의 양말이므로 최소 3 짝의 양말을 꺼내면 온전한 한 쌍의 양말을 꺼낼 수 있습니다.

문 17
P.28

문항 분석 및 평가표

──▷ 문항 분석 : 네 개의 수 중 두 개를 골라 합한 수들은 어떤 모습일지 생각해봅시다.

──▷ 평가표 :

정답 틀림	0점
정답 맞음	6점

정답 및 해설

──▷ 정답 : 100

──▷ 해설 : 처음 네 개의 수를 A, B, C, D 라고 하자

이 중 두 개의 수를 골라 합한 6 개의 수는 다음과 같다.

(A + B), (A + C), (A + D), (B + C), (B + D), (C + D)

이 6 개의 수의 합은 다음과 같습니다.

3 × (A + B + C + D)

이 6 개의 수의 합이 300 이므로 처음 네 개의 수의 합 A + B + C + D = 100 입니다.

문 18
P.29

문항 분석 및 평가표

──▷ 문항 분석 : 주사위는 마주 보는 면에 있는 눈의 합이 항상 7 이라는 걸 이용합시다.

──▷ 평가표 :

정답 틀림	0점
정답 맞음	5점

정답 및 해설

──▷ 정답 : 10

──▷ 해설 : 보이지 않는 세 면에는 2, 4, 6 눈이 적혀있습니다.

윗면의 주사위 눈이 5 이므로 밑면의 주사위 눈은 2 입니다.

따라서 밑면을 제외한 나머지 두 면의 주사위 눈의 합은 10 입니다.

문 19
P.30

문항 분석 및 평가표

──▷ 문항 분석 : 무한이가 A 지점에서 두 사람이 만날 때까지 걸은 거리와 상상이가 두 사람이 만난 후 A 지점까지 간 거리는 같습니다.

──▷ 평가표 :

정답 틀림	0점
정답 맞음	5점

정답 및 해설

—> 정답 : 56 m

—> 해설 : 두 사람이 만난 후 상상이가 800 m 를 더 가서 A 지점에 도착했으므로 무한이는 두 사람이 만날 때까지 800 m 를 걸어온 것이 된다. 무한이는 1 분에 80 m 씩 걸어가므로 출발한 뒤 10 분이 지나고 두 사람은 만난 것이 된다.

· 두 사람이 만난 후 무한이가 B 지점까지 7 분이 걸렸으므로 그 거리는 560 m 이다. 따라서 상상이는 10 분 동안 560 m 를 걸어온 것이므로 상상이는 1 분에 56 m 를 걸은 것이 된다.

문 20
P. 31

문항 분석 및 평가표

—> 문항 분석 : 원의 반지름 길이들 사이의 관계를 잘 파악해서 삼각형의 둘레를 원의 반지름으로 나타냅시다.

—> 평가표 :

정답 틀림	0점
정답 맞음	6점

정답 및 해설

—> 정답 : 6

—> 해설 : 가장 작은 원의 반지름 길이를 2 × A 라고 합시다. 그렇다면 가장 큰 원의 반지름 길이는 4 × A 가 됩니다. 중간 크기 원의 반지름 길이는 가장 작은 원과 가장 큰 원의 반지름 길이의 합에 절반이므로 3 × A 가 됩니다.

따라서 오른쪽 그림과 같이 삼각형의 둘레는 18 × A 가 됩니다.
삼각형의 둘레가 54 라고 했으므로 A 는 3 이고 가장 작은 원의 반지름 은 2 × A = 6 입니다.

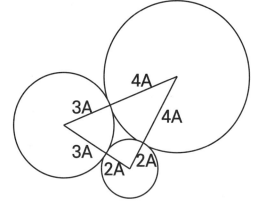

점수에 따른 성취도 등급

등급	1등급	2등급	3등급	4등급	5등급	총점
평가	80 점 이상	60 점 이상 ~ 79 점 이하	40 점 이상 ~ 59 점 이하	20 점 이상 ~ 39 점 이하	19 점 이하	100 점

3 공간 / 도형 / 퍼즐

· 총 20문제입니다. 각 평가표에 있는 기준별로 배점을 했습니다. / 단원 말미에서 성취도 등급을 확인하세요.

문 01
P. 32

문항 분석 및 평가표

⟶ 문항 분석 : 역으로 앞, 위, 오른쪽에서 본 모습을 보고 완성된 겨냥도를 생각해볼 수 있도록 합니다.

⟶ 평가표 :

정답 틀림	0점
정답 맞음	5점

정답 및 해설

⟶ 정답 :

앞에서 본 모습	
위에서 본 모습	
오른쪽에서 본 모습	

문 02
P. 33

문항 분석 및 평가표

⟶ 문항 분석 : 도형들 사이에서 규칙성을 찾아 다음에 나올 수 있는 도형을 찾아보도록 합니다.

⟶ 평가표 :

정답 틀림	0점
정답 맞음	4점

정답 및 해설

—→ 정답 :

—→ 해설 : 각 줄의 세 번째 도형은 첫 번째 도형을 두 번째 도형 안에 넣은 도형입니다.

문 03
P. 34

문항 분석 및 평가표

—→ 문항 분석 : 역순으로 도형을 펼쳤을 때 어떤 모습일지 생각합니다.

—→ 평가표 :

정답 틀림	0점
정답 맞음	5점

정답 및 해설

—→ 정답 :

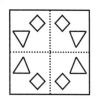

—→ 해설 :

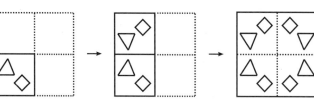

문 04
P. 35

문항 분석 및 평가표

—→ 문항 분석 : 주사위가 굴러갈 때, 한 방향으로 네 번 굴리면 원래의 눈 위치와 같게 됩니다.

—→ 평가표 :

정답 틀림	0점
정답 맞음	4점

정답 및 해설

—→ 정답 : 18

—> 해설 : 주사위를 2 번 굴리면 윗면의 눈이 바닥으로 가게 됩니다. 문제의 주사위 판을 보면 한 방향으로 4 번 씩 굴려서 12 까지 가고 있습니다.

· 시작점에서 4 까지 굴러갈 때 주사위 눈 1 이 바닥에 닿는 바닥 숫자는 2 이고 4 에 도착하면 다시 주 사위 눈 1 이 윗면에 있게 됩니다.

마찬가지로 4 번씩 굴려서 8 까지 굴러갈 때는 6 과 만납니다.

8 부터 4 번 굴려서 12 까지 갈 때는 10 과 만납니다.

· 따라서 그림과 같이 굴러서 갈 때 주사위 눈 1 이 만나는 바닥의 수는 2, 6, 10 이므로 총 합은 18 이 됩니다.

문 05
P.36

문항 분석 및 평가표

—> 문항 분석 : 각 도형의 넓이가 몇 칸인지 헤아려보고 나머지와 다른 도형을 골라봅니다.

—> 평가표 :

정답 틀림	0점
정답 맞음	5점

정답 및 해설

—> 정답 : ⑩

—> 해설 : 각 도형이 몇 칸인지를 헤아려보면 다음과 같습니다.

ㄱ, ㄴ, ㄷ, ㄹ, ㅂ : 6 칸,   ⑩ : 5 칸

문 06
P.37

문항 분석 및 평가표

—> 문항 분석 : 현재는 총 5 개의 정사각형이 있습니다. 성냥개비 3 개를 옮겨서 작은 정사각형 3 개를 만들기 위해서는 큰 정사각형을 이루고 있는 성냥개비를 움직여서 만들어야 합니다.

—> 평가표 :

정답 틀림	0점
정답 맞음	4점

정답 및 해설

—> 정답 :

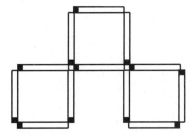

회전한 모습도 정답으로 인정합니다.

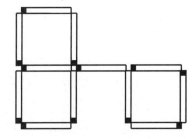

위와 같은 모양은 가운데 하나의 성냥 때문에 정답으로 인정하지 않습니다.

문 07

P. 38

문항 분석 및 평가표

──➤ 문항 분석 : 층별로 나누어서 생각해보도록 합니다. 1 층은 5 개, 2 층은 2 개의 쌓기나무를 이용해서 만든 도형입니다.

──➤ 평가표 :

정답 틀림	0점
정답 맞음	6점

정답 및 해설

──➤ 정답 : 7 개

──➤ 해설 : 쌓기나무들은 다음과 같이 1 층 5 개, 2 층 2 개로 쌓여 있습니다.

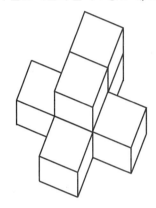

문 08

P. 39

문항 분석 및 평가표

──➤ 문항 분석 : 아래에 있는 종이는 위에 있는 종이에 의해 가려지게 됩니다. 서로서로 가려져 있는 부분을 생각해서 위에 있는 종이를 판별해 봅니다.

──➤ 평가표 :

정답 틀림	0점
정답 맞음	5점

정답 및 해설

──➤ 정답 : ㉠ – ㉡ – ㉣ – ㉤ – ㉆ – ㉂ – ㉢

──➤ 해설 : ㉢ 은 아무 데도 가려져 있지 않으므로 가장 위에 있다고 생각할 수 있습니다.

㉠ 이 가리고 있는 종이는 없으므로 가장 아래에 있다고 생각할 수 있습니다.

㉂ 을 가리고 있는 종이는 ㉢ 뿐입니다.

㉤ 은 ㉂, ㉆ 에 의해 가려져 있고 ㉆ 은 ㉂ 에 의해 가려져 있습니다.

㉣ 은 ㉤ 밑에 있고 ㉡ 은 ㉣ 밑에 있습니다.

따라서 아래부터 종이의 순서는 다음과 같습니다.

㉠ – ㉡ – ㉣ – ㉤ – ㉆ – ㉂ – ㉢

문 09
P. 40

문항 분석 및 평가표

──> 문항 분석 : 하나의 큰 도형을 작은 도형들을 붙여서 만들어 보는 퍼즐 문항입니다. 가로 4칸짜리 조각을 먼저 넣고 나머지 조각을 채워보도록 합니다.

──> 평가표 :

정답 0 ~ 1 개	0점
정답 2 개	3점
정답 3 개 이상	5점

정답 및 해설

──> 정답 :

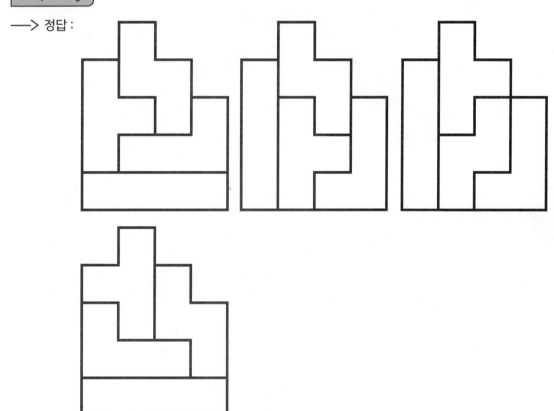

문 10
P. 41

문항 분석 및 평가표

──> 문항 분석 : 하나의 방향을 정해서 그려진 별부터 시작해서 별들을 그려나가 봅니다. 조건에 맞게 하나하나씩 그려나가야 합니다.

──> 평가표 :

정답 틀림	0점
정답 맞음	6점

—> 정답 :

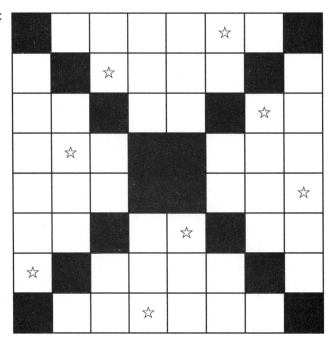

문 11
P. 42

문항 분석 및 평가표

—> 문항 분석 : 그림을 부분적으로 보지 않고 전체적으로 보면서 어떠한 수일지 생각해보는 문항입니다.

—> 평가표 :

정답 틀림	0점
정답 맞음	5점

정답 및 해설

—> 정답 : 45198

—> 해설 : 문제의 그림은 아래의 그림에서 중간중간을 삭제한 그림입니다.

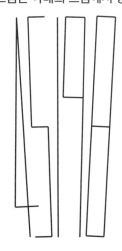

문 12
P. 43

문항 분석 및 평가표

⟶ 문항 분석 : 각각의 수를 조건에 맞게 하나씩 채워나가 보는 문항입니다.

⟶ 평가표 :

정답 틀림	0점
정답 맞음	5점

정답 및 해설

⟶ 정답 :

2	5	6	4	7	3	8	9	1
3	4	9	8	5	1	7	2	6
8	7	1	9	2	6	3	4	5
4	2	7	5	6	8	9	1	3
9	1	5	3	4	2	6	8	7
6	8	3	1	9	7	2	5	4
1	3	2	6	8	5	4	7	9
5	9	8	7	3	4	1	6	2
7	6	4	2	1	9	5	3	8

문 13
P. 44

문항 분석 및 평가표

⟶ 문항 분석 : 미로를 탈출하는 여러 가지 길 중에서 합이 100 이 되는 길을 찾아봅니다.

⟶ 평가표 :

정답 틀림	0점
정답 맞음	4점

—> 정답 :

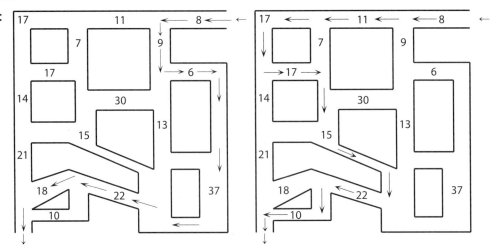

문 14
P.45

문항 분석 및 평가표

—> 문항 분석 : 초콜릿이 몇 개의 면에 발라져 있는지를 생각해서 공평하게 면을 나눌 수 있는 방법을 생각해
봅니다.

—> 평가표 :

정답 틀림	0점
정답 맞음	5점

정답및해설

—> 정답 :

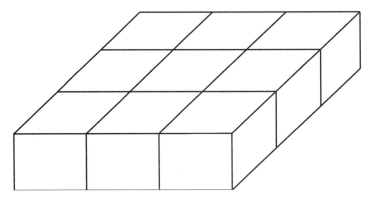

· 위와 같이 9 등분하면 꼭짓점에 있는 4 개의 조각은 3 면(위, 앞, 옆)에 초콜릿이 발라져 있고 꼭짓
점에 있는 조각들 사이에 있는 4 개의 조각은 2 면{(위, 앞) 또는 (위, 옆)}에 초콜릿이 발라져 있고
가운데 1 조각은 1 면(위)에만 초콜릿이 발라져 있습니다. 세 명에게 아래와 같이 3 조각씩 나눠주
면 모두 같은 양의 케이크와 초콜릿을 먹을 수 있습니다.

(3 면, 3 면, 1 면), {3 면, 2 면(앞, 위), 2 면(앞, 옆)}, {3 면, 2 면(앞, 위), 2 면(앞, 옆)}

= (위 3면, 앞 2면, 옆 2면)

· 따라서 위와 같이 나눠먹으면 3 명이 모두 3 조각씩 먹으면서, 초콜릿이 발라져 있는 면을 모두 똑
같이 윗면 3 개, 앞면 2 개, 옆면 2개 양 만큼 먹을 수 있습니다.(뒷면은 앞면과 넓이가 같습니다.)

문 15
P. 46

문항 분석 및 평가표

──> 문항 분석 : 붙어있는 면들 사이 관계를 보면서 완성됐을 때의 모습을 상상해봅니다.

──> 평가표 :

정답 틀림	0점
정답 맞음	6점

정답 및 해설

──> 정답 : ©

──> 해설 : 제대로 된 주사위의 모습은 다음과 같습니다.

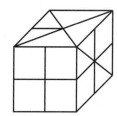

문 16
P. 47

문항 분석 및 평가표

──> 문항 분석 : 왼쪽 위의 숫자들부터 시작하면 쉽게 지뢰의 위치를 확인할 수 있습니다.

──> 평가표 :

정답 틀림	0점
정답 맞음	5점

정답 및 해설

──> 정답 :

지뢰	3	3	2	1	2	지뢰	2
2	지뢰	지뢰	지뢰		2	지뢰	
2	3	4	3	2	2	1	1
1	지뢰	1	1	지뢰	1	1	
							지뢰

문 17
P. 48

P. 48

문항 분석 및 평가표

──▷ 문항 분석 : 가로, 세로 한 줄씩 만들어서 하나의 수를 공유하도록 세팅합니다.

──▷ 평가표 :

정답 틀림	0점
정답 맞음	5점

정답 및 해설

──▷ 정답 :

```
          5
          9
3   7   1   8   4
          6
          2
```

정답은 이외에도 많습니다. 공유하는 수는 1, 3, 5, 7, 9 로 만들 수 있습니다.

문 18
P. 49

P. 49

문항 분석 및 평가표

──▷ 문항 분석 : 처음에 있는 바둑돌을 최대한 이용해서 새로운 모양을 만들어야 합니다.

──▷ 평가표 :

정답 틀림	0점
정답 맞음	5점

정답 및 해설

──▷ 정답 : 5 개

──▷ 해설 :

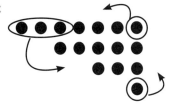

문 19
P. 50

P. 50

문항 분석 및 평가표

──▷ 문항 분석 : 총 10 개의 쌓기나무로 된 도형입니다. 따라서 이 도형을 똑같은 도형 2 개로 나누면 각 도형은 5 개의 쌓기나무로 만들어진 도형입니다.

──▷ 평가표 :

정답 틀림	0점
정답 맞음	6점

정답및해설

──▶ 정답 : 다음의 도형을 2 개 붙여서 만든 도형입니다.

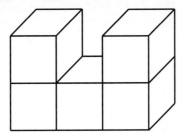

문 20
P. 51

문항 분석 및 평가표

──▶ 문항 분석 : 모든 빈칸을 칠하기 위한 방법은 1 가지 뿐입니다. 처음에는 반드시 왼쪽 칸을 칠해야 합니다.

──▶ 평가표 :

정답 틀림	0점
정답 맞음	5점

정답및해설

──▶ 정답 :

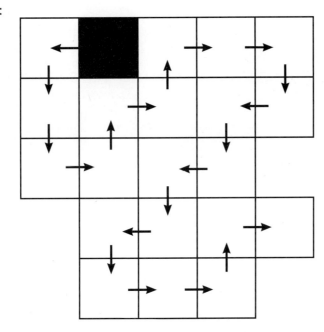

점수에 따른 성취도 등급

등급	1등급	2등급	3등급	4등급	5등급	총점
평가	80 점 이상	60 점 이상 ~ 79 점 이하	40 점 이상 ~ 59 점 이하	20 점 이상 ~ 39 점 이하	19 점 이하	100 점

· 총 10 문제입니다.각 평가표에 있는 기준별로 배점을 했습니다. / 단원 말미에서 성취도 등급을 확인하세요.

문 01
P. 54

문항 분석 및 평가표

⟶ 문항 분석 : 2 개의 수마다 규칙이 있는 문항입니다. 바로 직전의 수와 관계를 따지는 것만 아니라 2 개, 또는 3 개 이상의 수 사이의 관계도 생각해봅니다.

⟶ 평가표 :

정답 틀림	0점
정답 맞음	4점

정답 및 해설

⟶ 정답 : 14

⟶ 해설 : 홀수 번째 수들은 1, 3, 5, 7, 9 로 2 씩 증가하고 있고 짝수 번째 수들은 18, 17, 16, 15 로 1 씩 감소하고 있습니다. 빈칸은 짝수번째 수로 15 다음에 오는 수 이므로 14 입니다.

문 02
P. 54

문항 분석 및 평가표

⟶ 문항 분석 : 합이 103 이 되기 위해서는 두 자릿수의 일의 자리는 6 과 7 이어야 합니다.

⟶ 평가표 :

정답 틀림	0점
정답 맞음	5점

정답 및 해설

⟶ 정답 : (10, 93), (13, 90), (16, 87), (17, 86)

문 03
P. 55

문항 분석 및 평가표

⟶ 문항 분석 : 비길 경우는 저금통에 있는 동전이 400 원씩 줄고, 이기거나 지는 경우는 저금통에 있는 동전이 500 원씩 줄어듭니다.

⟶ 평가표 :

정답 틀림	0점
정답 맞음	5점

정답 및 해설

⟶ 정답 : 4, 700 원

—> 해설 : 가위바위보 게임 중 3 번은 비겼으므로 나머지 7 번은 둘 중 한 명이 이기거나 졌습니다.

· 비긴 3 번의 게임에서는 200 원씩 동전을 가져갔으므로 총 1,200 원의 동전을 가져갔습니다. 나머지 7 번의 게임에서는 이긴 사람은 400 원 진 사람은 100 원씩 가져갔습니다.

· 1 번의 게임에 500 원씩 가져간 것이므로 총 3,500 원의 동전을 가져갔습니다.

남은 동전은 없었으므로 처음 저금통에는 4,700 원의 동전이 들어있었습니다.

문 04
P. 56

문항 분석 및 평가표

—> 문항 분석 : 단순히 나누어지는 수로 답을 하지 않고 시작지점에 한 개가 더 들어간다는 점을 잘 생각합니다.

—> 평가표 :

정답 틀림	0점
정답 맞음	5점

정답 및 해설

—> 정답 : 가로등 11 개, 가로수 26 개

—> 해설 : 500 은 50 과 20 으로 모두 나누어떨어집니다. 500 은 50 으로 나누면 10 이고 20 으로 나누면 25 입니다. 시작지점에도 설치하고 싶으므로 각각 1 개를 더한 개수가 정답이 됩니다.

문 05
P. 57

문항 분석 및 평가표

—> 문항 분석 : 다양한 답이 나올 수 있는 문항입니다. 조건을 잘 읽고 모든 조건에 맞게끔 식단을 짜보도록 합니다.

—> 평가표 :

조건을 충족하지 않음	0점
조건을 충족함	6점

출제자 예시답안

—> 정답 : 아침 : 죽, 북어국, 배추김치, 계란후라이, 사과   (555 칼로리)

점심 : 흰 쌀밥, 순두부찌개, 감자조림, 꽁치구이, 수박   (960 칼로리)

저녁 : 볶음밥, 미역국, 김, 잡채, 귤   (750 칼로리)

문 06
P. 58

문항 분석 및 평가표

—> 문항 분석 : 그림을 그려서 각 칸을 채워보면 보다 쉽게 문제를 해결할 수 있습니다.

—> 평가표 :

정답 틀림	0점
정답 맞음	7점

──▷ 정답 : 40 명

──▷ 해설 : 하나도 선택 안 한 학생이 15 명이므로

ㄱ + ㄴ + ㄷ + ㄹ + ㅁ + ㅂ + ㅅ = 185 입니다.

두 개의 음식을 선택한 학생이 55 명이므로

ㄴ + ㄹ + ㅂ = 55 입니다.

삼겹살 140 명, 중국요리 100 명, 초밥 80 명이므로

ㄱ + ㄴ + ㄷ + ㄹ = 140

ㄴ + ㄷ + ㅁ + ㅂ = 100

ㄷ + ㄹ + ㅂ + ㅅ = 80 입니다.

이를 전체와 비교하면 다음을 얻습니다.

ㅁ + ㅂ + ㅅ = 45, ㄱ + ㄹ + ㅅ = 85

ㄱ + ㄴ + ㅁ = 105

위의 세 개를 모두 더하고 두 개의 음식을 고른 학생 수와 비교하면 다음을 얻습니다.

ㄱ + ㅁ + ㅅ = 90   따라서 식은 다음과 같습니다.

· 320 = (ㄱ + ㄴ + ㄷ + ㄹ) + (ㄴ + ㄷ + ㅁ + ㅂ) + (ㄷ + ㄹ + ㅂ + ㅅ) 이므로 위에서 구한 값을 넣어서 비교해보면 ㄷ = 40 을 얻습니다.

삼겹살

중국요리   **초밥**

문 07
P. 59

문항 분석및 평가표

──▷ 문항 분석 : 붙이는 방법에 따라 다양한 각도를 구해볼 수 있습니다.

──▷ 평가표 :

정답 틀림	0점
정답 맞음	4점

정답및해설

──▷ 정답 : 75˚, 105˚, 120˚, 135˚, 150˚, 180˚

문 08
P. 59

문항 분석및 평가표

──▷ 문항 분석 : 시차와 비행기 탑승시간을 계산해서 언제 비행기를 탔을지 설명하는 문항입니다.

──▷ 평가표 :

정답 틀림	0점
정답 맞음	5점

정답및해설

──▷ 정답 : 12 일 오후 11 시 30 분

──▷ 해설 : 무한이는 오후 7 시에 인천 공항에 도착했고 비행기를 탑승한 시간은 12 시간 30 분이므로 우리나라 시간으로 오전 6 시 30 분에 비행기를 탔다고 생각할 수 있습니다. 비행기는 로마 공항에서 탔으므로 7 시간이 늦은 시간입니다. 따라서 무한이는 전날 오후 11 시 30 분에 비행기를 탔습니다.

문항 분석및평가표

——> 문항 분석 : 4 조각으로 나누기 위해선 전체와 모양이 같은 도형을 생각해봅니다.

——> 평가표 :

정답 틀림	0점
정답 맞음	6점

정답및해설

——> 정답 :

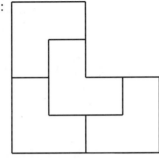

문항 분석및평가표

——> 문항 분석 : 도형들을 보면서 없는 도형이 어떤 모양일지 생각해봅니다.

——> 평가표 :

정답 틀림	0점
정답 맞음	5점

정답및해설

——> 정답 :

——> 해설 : 위에 달려 있는 도형은 초승달 모양, 반원 모양, 원 모양이 나오고, 아래 있는 도형은 사각형, 원, 육각형이 나오고 있습니다. 또한 색은 검은색, 회색, 하얀색이 번갈아가면서 나오고 있습니다. 따라서 없는 색, 없는 도형을 생각해보면 위의 정답이 나오게 됩니다.

점수에따른 성취도등급

등급	1등급	2등급	3등급	4등급	5등급	총점
평가	40 점 이상	30 점 이상 ~ 39 점 이하	20 점 이상 ~ 29 점 이하	10 점 이상 ~ 19 점 이하	9 점 이하	52 점

문 11
P. 62

문항 분석및 평가표

⟶ 문항 분석 : 각 보트의 1 인당 가격을 구해보면 4 인승 보트는 1 인당 4 천 원, 6 인승 보트는 1 인당 약 3 천 7 백 원 입니다. 따라서 가격을 저렴하게 하기 위해서는 6 인승 보트를 최대한 많이 이용해야 합니다.

⟶ 평가표 :

정답 틀림	0점
정답 맞음	4점

정답 및 해설

⟶ 정답 : 4 인승보다 6 인승이 더 저렴하므로 6 인승을 최대한 많이 이용합니다.

따라서 42 명은 6 인승 보트 7 대를 이용하고 남은 8 명은 4 인승 보트 2 대를 이용합니다.

문 12
P. 63

문항 분석및 평가표

⟶ 문항 분석 : A 에서 F 까지 가기 위해서는 가장 먼저 지나는 점을 B, C, D 로 나누어 생각해봅니다.

⟶ 평가표 :

정답 틀림	0점
정답 맞음	5점

정답 및 해설

⟶ 정답 :

A → B → F	A → B → E → F	A → B → C → E → F	A → B → C → D → E → F
A → C → B → F	A → C → E → F	A → C → B → E → F	A → C → E → B → F
A → C → D → E → F	A → C → D → E → B → F	A → D → E → F	A → D → E → B → F
A → D → C → B → F	A → D → C → E → F	A → D → C → E → B → F	A → D → E → C → B → F

문 13
P. 64

문항 분석 및 평가표

━━▶ 문항 분석 : 한 번만 잘라서 정사각형을 만들기 위해선 반드시 접어서 잘라야 합니다.

━━▶ 평가표 :

정답 틀림	0점
정답 맞음	5점

정답 및 해설

━━▶ 정답 : 아래 그림과 같이 원 모양의 종이를 2 번 접어서 삼각형 모양으로 자르고 펼치면 정사각형이 됩니다.

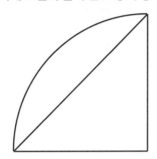

문 14
P. 65

문항 분석 및 평가표

━━▶ 문항 분석 : 연속된 7 일의 날짜 합은 정중앙의 날짜 × 7 과 같습니다.

━━▶ 평가표 :

정답 틀림	0점
정답 맞음	5점

정답 및 해설

━━▶ 정답 : 72

━━▶ 해설 : 일요일부터 토요일까지 연속된 7 일의 날짜 합이 168 이면 수요일은 24 일입니다.
　　　　따라서 월요일은 22 일 금요일은 26 일이므로 월, 수, 금의 날짜 합은 72 입니다.

문 15
P. 66

문항 분석 및 평가표

━━▶ 문항 분석 : 각도의 관계를 생각해서 두 삼각형으로 새로운 직각삼각형을 만들어서 넓이를 구합니다.

━━▶ 평가표 :

정답 틀림	0점
정답 맞음	6점

문 16
P. 67

———

정답 및 해설

⟶ 정답 : 20

⟶ 해설 : 아래 그림과 같이 삼각형 B 를 돌려서 세우면 새로운 직각삼각형이 됩니다.

따라서 삼각형 A 와 삼각형 B의 넓이의 합은 8 × 5 ÷ 2 = 20 입니다.

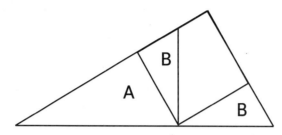

문 16
P. 67

문항 분석 및 평가표

⟶ 문항 분석 : 수들은 정사각형 모양으로 점점 늘어가고 있음을 확인할 수 있습니다.

⟶ 평가표 :

정답 틀림	0점
정답 맞음	5점

정답 및 해설

⟶ 정답 : 15

⟶ 해설 : < 4,7 > = 40, < 6, 1 > = 36 입니다. 합은 76 이고 76 = < 9, 6 > 입니다.

문 17
P. 68

문항 분석 및 평가표

⟶ 문항 분석 : 곱해서 8 이 나오는 수는 1 × 8, 2 × 4 이므로 차근차근 나오는 수를 찾도록 합니다.

⟶ 평가표 :

정답 틀림	0점
정답 맞음	4점

정답 및 해설

⟶ 정답 : 18, 24, 29, 38, 42, 46, 64, 67, 76, 81, 88, 92

⟶ 해설 : 곱해서 8 이 나오는 두 한 자리 자연수는 (1, 8), (2, 4) 뿐입니다. 이러한 식으로 약수를 생각해서 나오는 수를 모두 찾도록 합니다.

문 18
P. 69

——> 문항 분석 : < > 괄호는 두 수의 곱의 십의 자릿수, ( ) 괄호는 두 수의 곱의 일의 자릿수입니다.

——> 평가표 :

정답 틀림	0점
정답 맞음	6점

정답 및 해설

——> 정답 : ㉠ 6   ㉡ 4

——> 해설 : < > 괄호는 안에 있는 두 수의 곱의 십의 자릿수이고 ( ) 괄호는 안에 있는 두 수의 곱의 일의 자릿수
입니다. 따라서 각각을 풀면 다음과 같습니다.

㉠ (9, < 5, 8 >) = (9, 4) = 6
㉡ < 6, (7, 4) > = < 6, 8 > = 4

문 19
P. 70

——> 문항 분석 : 나누는 수와 나머지의 차이가 모두 1 이라는 것을 생각해 봅니다.

——> 평가표 :

정답 틀림	0점
정답 맞음	7점

정답 및 해설

——> 정답 : 5, 11, 17, 23, 29, 35, 41, 47

——> 해설 : 2, 3, 6 으로 나누었을 때 각각 나머지가 1, 2, 5 인수를 A 라고 합니다.
나눈 수와의 차이가 모두 1 이므로 A + 1 은 2, 3, 6 로 나눴을 때 모두 나머지가 0 입니다.
· 2, 3, 6 으로 나누었을 때 모두 나누어떨어지는 수는 6 의 배수입니다. 50 보다 작은 6 의 배수는 다
음과 같습니다. → 6, 12, 18, 24, 30, 36, 42, 48
· 따라서 위에서 구한 6 의 배수에서 1 을 뺀 수는 각 수로 나눴을 때 나머지가 1, 2, 5 인 수입니다.
· 따라서 정답은 5, 11, 17, 23, 29, 35, 41, 47 입니다.

문 20
P. 71

——> 문항 분석 : 시계는 하루에 1 분씩 빨라지지만 3 분 빨라졌다가 2 분 느려지는 방식임을 잘 생각해 봅니다.

——> 평가표 :

정답 틀림	0점
정답 맞음	5점

---> 정답 : 7 월 28 일 정오

---> 해설 : 하루에 1 분씩 빨라진다고 해서 30 분 빨라지기 위해서는 30 일이 필요하다고 생각하면 안 됩니다. 1 일 오전 0 시부터 28 일 오전 0 시가 되면 총 27 분이 빨라지고 28 일 오전 0 시부터 정오가 되면 3 분 빨리지므로 처음으로 30 분이 빨라지는 순간이 됩니다.

점수에 따른 성취도 등급

등급	1등급	2등급	3등급	4등급	5등급	총점
평가	40 점 이상	30 점 이상 ~ 39 점 이하	20 점 이상 ~ 29 점 이하	10 점 이상 ~ 19 점 이하	9 점 이하	52 점

· 총 10 문제입니다. 각 평가표에 있는 기준별로 배점을 했습니다. / 단원 말미에서 성취도 등급을 확인하세요.

문 21
P. 72

문항 분석 및 평가표

⟶ 문항 분석 : 달력에서 찾을 수 있는 규칙은 7 일차이, 연속된 세 수, 가운데 수에 9 를 곱하면 모든 값을 더한 수가 나오는 것 등이 있습니다.

⟶ 평가표 :

정답 틀림	0점
정답 맞음	4점

정답 및 해설

⟶ 정답 : ① 각 가로줄은 연속된 세 수들로 구성되어 있습니다.
　　　　 ② 각 세로줄에 있는 수들은 모두 7 차이입니다.
　　　　 ③ 2 개의 대각선에 있는 수의 합은 같습니다.
　　　　 ④ 안에 있는 9 개의 수는 짝수 4 개, 홀수 5개 또는 짝수 5 개, 홀수 4 개로 구성됩니다.

문 22
P. 73

문항 분석 및 평가표

⟶ 문항 분석 : 결과값이 자연수가 되기 위해서는 분자들의 계산한 값이 5 의 배수여야 합니다.

⟶ 평가표 :

정답 틀림	0점
정답 맞음	5점

정답 및 해설

⟶ 정답 : ① $1\dfrac{4}{5} + 6\dfrac{3}{5} - 5\dfrac{2}{5}$

　　　　 ② $6\dfrac{4}{5} + 1\dfrac{3}{5} - 5\dfrac{2}{5}$

문 23
P. 74

문항 분석 및 평가표

⟶ 문항 분석 : 정사각형은 내부의 변으로도 만들 수 있지만, 내부의 빈 공간으로도 만들 수 있습니다.

⟶ 평가표 :

정답 틀림	0점
정답 맞음	5점

정답및해설

──> 정답 :

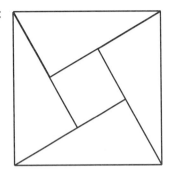

문항 분석 및 평가표

──> 문항 분석 : 23 으로 나눴을 때, 몫과 나머지가 같은 수는 24 의 배수입니다.

──> 평가표 :

정답 틀림	0점
정답 맞음	5점

정답및해설

──> 정답 : 24, 48, 72, 96, 120, 144, 168, 192

──> 해설 : $24 = 23 \times 1 + 1$, $48 = 23 \times 2 + 2$, $72 = 23 \times 3 + 3$
$96 = 23 \times 4 + 4$, $120 = 23 \times 5 + 5$, $144 = 23 \times 6 + 6$
$168 = 23 \times 7 + 7$, $192 = 23 \times 8 + 8$

문항 분석 및 평가표

──> 문항 분석 : 주사위의 눈과 점수를 계산한 것을 보고 규칙을 파악해 봅니다.

──> 평가표 :

정답 틀림	0점
정답 맞음	5점

정답및해설

──> 정답 : ① 첫 번째 던져서 나온 주사위 눈 > 두 번째 던져서 나온 주사위 눈인 경우
첫 번째 던져서 나온 주사위 눈에서 두 번째 던져서 나온 주사위 눈을 뺍니다.
② 첫 번째 던져서 나온 주사위 눈 = 두 번째 던져서 나온 주사위 눈인 경우 던져서 나온 두 수를 더합니다.
③ 첫 번째 던져서 나온 주사위 눈 < 두 번째 던져서 나온 주사위 눈인 경우 던져서 나온 두 수를 곱합니다.

문 26
P. 76

문항 분석 및 평가표

⟶ 문항 분석 : 정답은 여러 가지가 나올 수 있으므로, 자릿수 등을 생각해서 다양한 답을 만들어 봅니다.

⟶ 평가표 :

정답 틀림	0점
정답을 1 가지씩만 찾은 경우	2점
정답을 2 가지 이상씩 찾은 경우	4점

정답 및 해설

⟶ 정답 : (문제 1) 15 + 99 − 11, 15 + 95 − 7

　　　　 (문제 2) 90 − 12 − 20 + 2, 100 − 22 − 25 + 7

　　　　 (문제 3) 9 × 7 − 7, 10 × 7 − 14

문 27
P. 77

문항 분석 및 평가표

⟶ 문항 분석 : 넓이를 생각해서 정사각형의 한 변의 길이가 몇 일지 먼저 생각합니다.

⟶ 평가표 :

정답 틀림	0점
정답 맞음	7점

정답 및 해설

⟶ 정답 :

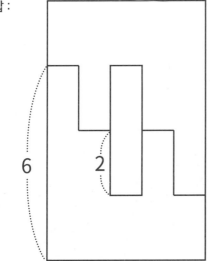
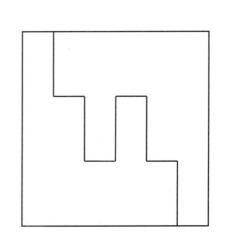

문 28

······

P. 78

──▶ 문항 분석 : 거울에 빛에 반사될 때 입사각과 반사각의 크기는 같습니다.

──▶ 평가표 :

정답 틀림	0점
정답 맞음	6점

정답 및 해설

──▶ 정답 : 100˚

──▶ 해설 : 빛이 거울에서 반사될 때, 입사각과 반사각의 크기는 같습니다.

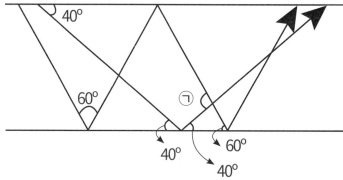

따라서 각 ㉠의 크기는 100˚입니다.

문 29

······

P. 79

문항 분석 및 평가표

──▶ 문항 분석 : 두 수의 합이 짝수가 되기 위해서는 두 수 모두 홀수이거나 두 수 모두 짝수여야 합니다.

──▶ 평가표 :

정답 틀림	0점
정답 맞음	5점

정답 및 해설

──▶ 정답 : 18 가지

──▶ 해설 : 두 수의 합이 짝수가 되기 위해선 다음과 같이 수들이 뽑혀야 합니다.

(파란 카드 묶음에서 뽑힌 수, 빨간 카드 묶음에서 뽑힌 수)

→ (1, 1), (1, 3), (1, 5), (3, 1), (3, 3), (3, 5), (5, 1), (5, 3), (5, 5) : 두 수 모두 홀수인 경우

(2, 2), (2, 4), (2, 6), (4, 2), (4, 4), (4, 6), (6, 2), (6, 4), (6, 6) : 두 수 모두 짝수인 경우

문 30
P. 79

⟶ 문항 분석 : 총 36 개의 칸이므로 똑같은 4 조각으로 자르면 한 조각은 9 개의 칸으로 이루어져 있습니다.

⟶ 평가표 :

정답 틀림	0점
정답 맞음	6점

출제자 예시 답안

⟶ 정답 :

점수에 따른 성취도 등급

등급	1등급	2등급	3등급	4등급	5등급	총점
평가	40 점 이상	30 점 이상 ~ 39 점 이하	20 점 이상 ~ 29 점 이하	10 점 이상 ~ 19 점 이하	9 점 이하	52 점

4 창의적 문제해결력 4 회

· 총 10 문제입니다. 각 평가표에 있는 기준별로 배점을 했습니다. / 단원 말미에서 성취도 등급을 확인하세요.

문 31
P.80

문항 분석 및 평가표

⟶ 문항 분석 : <보기> 의 수들은 파스칼의 삼각형에 일정한 수를 곱해서 얻어진 결과물입니다.

⟶ 평가표 :

정답 틀림	0점
정답 맞음	4점

정답 및 해설

⟶ 정답 : ㉠ : 4, ㉡ : 6, ㉢ : 4

⟶ 해설 :

```
              1
           1     1
        1     2     1
     1     3     3     1
  1     4     6     4     1
```

다음과 같은 수들을 파스칼의 삼각형이라고 합니다. <보기> 는 이 파스칼의 삼각형의 수들에다가 1 층은 × 256, 2 층은 × 64, 3 층은 × 16, 4 층은 × 4 인 수들입니다. 5 층은 그대로인 수들이 나와야 하므로 ㉠ : 4, ㉡ : 6, ㉢ : 4 입니다.

문 32
P.81

문항 분석 및 평가표

⟶ 문항 분석 : 1 부터 99 까지 적을 때 4 를 적는 횟수는 100 부터 199, 200 부터 299, 300 부터 399 까지 적을 때 4 를 쓰는 횟수와 같습니다.

⟶ 평가표 :

정답 틀림	0점
정답 맞음	5점

정답 및 해설

⟶ 정답 : 200 번

⟶ 해설 : 1 ~ 39 까지는 4, 14, 24, 34 → 4 번 씁니다.
40 ~ 49 까지는 40, 41, 42, 43, 44, 45, 46, 47, 48, 49 → 11 번 씁니다.
50 ~ 99 까지는 54, 64, 74, 84, 94 → 5 번 씁니다.
따라서 1 ~ 99 까지 적을 때 4는 총 20 번 씁니다.
· 100 ~ 199 까지도 마찬가지로 4 는 총 20 번, 200 ~ 299 에서도 4 는 총 20 번, 300 ~ 399 에서도 4 는 총 20 번 씁니다. 400 ~ 500 까지는 1 ~ 99 까지에 비해 4 를 100 번 더 쓰므로 120 번

쓰니다. 따라서 1 부터 500 까지 적을 때 4 는 총 200 번 쓰게 됩니다.

문 33
P. 81

문항 분석및평가표

——> 문항 분석 : <보기> 에 있는 정삼각형의 한 변의 길이가 3 이므로 이를 1 과 2 로 나눠서 정삼각형을 만드는 방법을 생각합니다.

——> 평가표 :

정답 틀림	0점
정답 맞음	6점

정답및해설

——> 정답 :

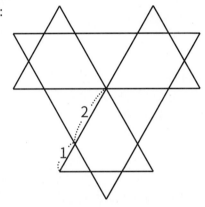

——> 해설 : 한 변의 길이가 6 인 삼각형을 뒤집어서 그리면 한 변의 길이가 1 인 정삼각형 9 개, 한 변의 길이가 2 인 정삼각형 3 개를 다음과 같이 찾을 수 있습니다.

문 34
P. 82

문항 분석및평가표

——> 문항 분석 : 모든 전구를 켜지 않는 경우는 신호가 되지 않으므로 이 한 가지 경우는 제외해야 합니다.

——> 평가표 :

정답 틀림	0점
정답 맞음	4점

정답및해설

——> 정답 : 15 가지

——> 해설 : (1) 색깔이 다른 전구가 4 개입니다. 따라서 각 전구를 켜고 끌수 있으므로 $2 \times 2 \times 2 \times 2 = 16$ 가지 입니다. 이 중 모든 전구가 꺼져 있는 경우는 신호가 되지 않으므로 이 1 가지를 제외하면 총 15 가지의 신호를 만들 수 있습니다.

　　　(2) 1 개의 전구만 켜는 신호 : 4 가지, 2 개의 전구만 켜는 신호 : 6 가지

　　　　　3 개의 전구만 켜는 신호 : 4 가지, 4 개의 전구 모두 켜는 신호 : 1 가지

문항 분석 및 평가표

——> 문항 분석 : 변을 최단거리로 따라가면서 가짓수를 세어보도록 합니다. 꼭짓점을 향해 갈수록 가짓수를 더해가면 쉽게 답을 구할 수 있습니다.

——> 평가표 :

정답 틀림	0점
정답 맞음	7점

정답 및 해설

——> 정답 : 111 가지

——> 해설 : 오른쪽 그림에서 A 지점에서 B 지점까지 최단거리로 가는 방법을 찾는
방식은 다음과 같이 10 가지라고 구할 수 있습니다.

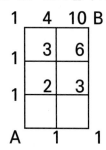

A 지점에서 각 꼭지점으로
최단거리로 가는 가짓수를
적으면 다음과 같습니다.

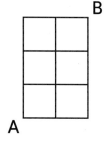

· A 지점으로부터 위, 오른쪽에 있는 꼭짓점에 적혀 있는 1 은 A 지점부터 해당 꼭짓점까지 최단거리로 갈 수 있는 방법은 1 가지라는 것을 뜻합니다. 그 외의 꼭짓점에 있는 수 들은 바로 왼쪽 꼭짓점에 있는 수와 바로 아래에 있는 꼭짓점에 있는 수들을 더한 값입니다. 이러한 방식으로 최단거리로 갈 수 있는 가짓수를 구할 수 있습니다.

이 방법으로 문제의 길에 표기해보면 다음과 같습니다.

```
 4    18   32   58   B
                     111
 4    14   14   26   53

 4    10        12   27
1
 3    6    9    12   15
1
 2    3    3    3    3
1

A    1    1
```

문 36
P. 84

문항 분석 및 평가표

——> 문항 분석 : 300 m 의 둘레를 가진 연못에 10 m 간격으로 나무를 심으면 30 그루를 심을 수 있고, 15 m 간격으로 나무를 심으면 20 그루를 심을 수 있습니다.

정답 틀림	0점
정답 맞음	5점

정답 및 해설

⟶ 정답 : 연못의 둘레는 300 m 입니다.

⟶ 해설 : 심는 나무의 수를 A 라고 하면 10 에 A + 10 을 곱하면 15 × A 와 10 × (A + 10) 이 같습니다. 따라서 A 는 20 입니다. 따라서 연못의 둘레는 300 m 입니다.

문 37
P. 85

문항 분석 및 평가표

⟶ 문항 분석 : 위의 2 줄에 있는 도형들을 자세히 보면, 바로 전 도형을 절반으로 나누어서 왼쪽 부분은 잘라 내고 오른쪽 부분만 90˚ 돌린 모습입니다.

⟶ 평가표 :

정답 틀림	0점
정답 맞음	5점

정답 및 해설

⟶ 정답 :

문 38
P. 86

문항 분석 및 평가표

⟶ 문항 분석 : 여러 가지 방법이 나올 수 있습니다. 다양하게 넣어보면서 여러 방법을 찾아보도록 합니다.

⟶ 평가표 :

정답 틀림	0점
정답 맞음	6점

정답 및 해설

⟶ 정답 : (방법 1) (6 + 6 − 6) ÷ 6 = 1
　　　 (방법 2)   6 − 6 + 6 ÷ 6 = 1
　　　 (방법 3)   6 × 6 ÷ 6 ÷ 6 = 1
　　　 (방법 4) (6 × 6) ÷ (6 × 6) = 1

문 39
P. 86

문항 분석 및 평가표

⟶ 문항 분석 : 3 가지 방법으로 표현될 수 있습니다. 연속된 3 개의 자연수의 합, 연속된 4 개의 자연수의 합, 연속된 5 개의 자연수의 합으로 표현 가능합니다.

⟶ 평가표 :

정답 틀림	0점
정답 맞음	5점

—→ 정답 : 30 = 4 + 5 + 6 + 7 + 8 = 6 + 7 + 8 +9 = 9 + 10 + 11

문 40
P. 87

—→ 문항 분석 : 마지막으로 열림을 누르기 위해서 눌러야 하는 버튼을 역으로 찾아봅니다.

—→ 평가표 :

정답 틀림	0점
정답 맞음	5점

—→ 정답 :

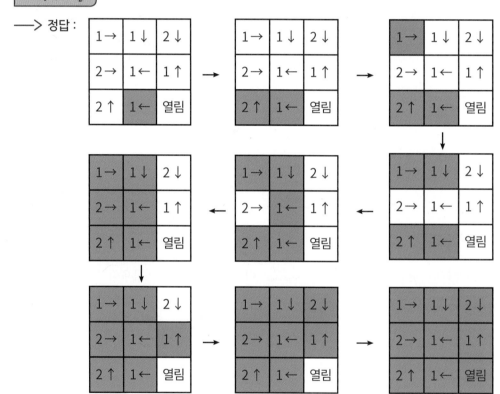

등급	1등급	2등급	3등급	4등급	5등급	총점
평가	40 점 이상	30 점 이상 ~ 39 점 이하	20 점 이상 ~ 29 점 이하	10 점 이상 ~ 19 점 이하	9 점 이하	52 점

· 총 10 문제입니다. 각 평가표에 있는 기준별로 배점을 했습니다. / 단원 말미에서 성취도 등급을 확인하세요.

문 41
P. 88

문항 분석 및 평가표

⟶ 문항 분석 : 겹치는 부분을 잘 활용하여 각각의 방법을 찾아보도록 합니다. 돌려서 하는 경우도 모두 정답으로 인정합니다.

⟶ 평가표 :

정답 틀림	0점
정답 맞음	5점

정답 및 해설

⟶ 정답 : 8개의 압정으로 종이 3장을 고정시키는 방법

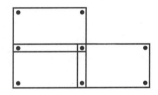

9개의 압정으로 종이 3장을 고정시키는 방법

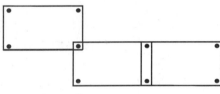

10개의 압정으로 종이 3장을 고정시키는 방법

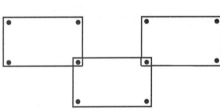

문 42
P. 89

문항 분석 및 평가표

⟶ 문항 분석 : 최대로 많은 부분으로 나누기 위해서는 직선들끼리 서로 모두 만나야 합니다.

⟶ 평가표 :

정답 틀림	0점
정답 맞음	4점

정답및해설

——> 정답 : 11 부분

——> 해설 : 그림과 같이 11 부분으로 나눌 수 있습니다.

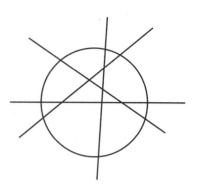

문 43
P. 90

문항 분석 및 평가표

——> 문항 분석 : 최대로 많은 부분으로 나누기 위해서는 직선들끼리 서로 모두 만나야 합니다.

——> 평가표 :

정답 틀림	0점
정답 맞음	4점

출제자 예시 답안

——> 정답 : 1 단계 : 10 보다 큰 수와 작은 수
        2 단계 : 짝수와 홀수

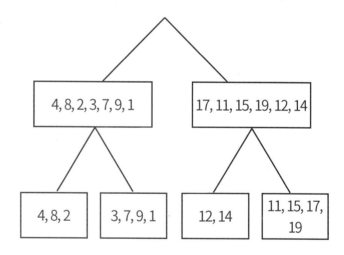

문 44
P. 91

문항 분석 및 평가표

——> 문항 분석 : □ 은 4 개의 △ 의 합입니다. △ + △ + △ + △ 은 4 × △ 으로 표현될 수 있습니다.

——> 평가표 :

정답 틀림	0점
정답 맞음	5점

정답 및 해설 │ 수학 47

정답 및 해설

──→ 정답 : 4

문항 분석 및 평가표

──→ 문항 분석 : 2 회째에서 2 개의 B 를 뒤집고 1 개의 A 를 뒤집는 것이 포인트입니다.

──→ 평가표 :

정답 틀림	0점
정답 맞음	5점

정답 및 해설

──→ 정답 : 3 회

──→ 해설 :

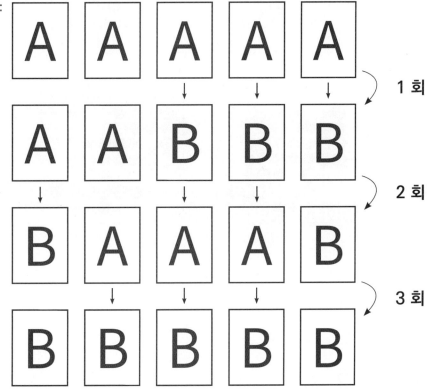

문항 분석 및 평가표

──→ 문항 분석 : 현재 놓여 있는 바둑돌의 개수는 흑 돌 13 개, 백 독 12 개이므로 현재는 상상이가 둘 차례입니다. 3 개로 일렬로 놓으면 상대편은 그 공격을 막아야만 합니다.

──→ 평가표 :

정답 틀림	0점
정답 맞음	5점

——> 정답 :

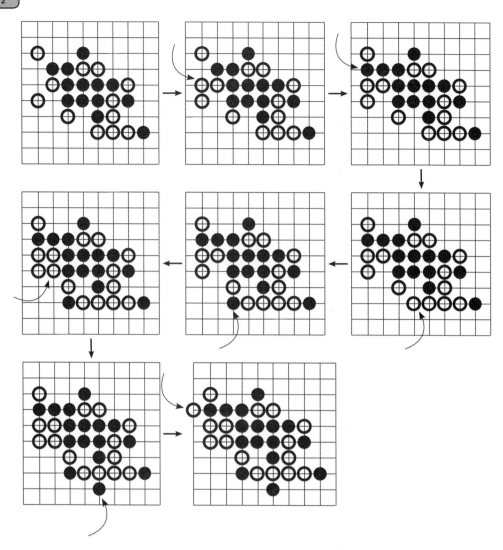

문 47
P. 93

문항 분석 및 평가표

——> 문항 분석 : 앞, 위에서 보는 모습이 + 모습처럼 보이기 위해서는 정답과 같이 쌓는 방법뿐입니다.

——> 평가표 :

정답 틀림	0점
정답 맞음	6점

정답및해설

—> 정답 :

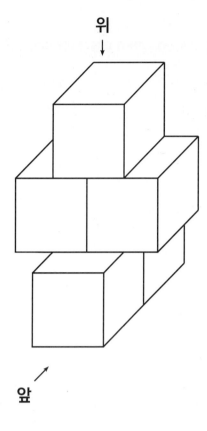

위

앞

문 48
P. 94

문항 분석 및 평가표

—> 문항 분석 : 실제로 하나의 점을 정해서 같은 직선 위에 있지 않도록 직접 그려보는 방법으로 해야 합니다.
돌린 모습도 정답으로 인정합니다.

—> 평가표 :

정답 틀림	0점
정답 맞음	7점

정답및해설

—> 정답 :

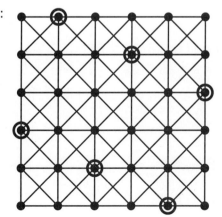

문 49
P. 95

문항 분석 및 평가표

——> 문항 분석 : 세 자릿수 대칭수와 두 자릿수 대칭수를 더해서 대칭수가 되는 경우는 총 9 가지 뿐입니다.

——> 평가표 :

정답 틀림	0점
정답 맞음	6점

정답 및 해설

——> 정답 : 191 + 11 = 202
292 + 11 = 303
393 + 11 = 404
494 + 11 = 505
595 + 11 = 606
696 + 11 = 707
797 + 11 = 808
898 + 11 = 909
979 + 22 = 1001

문 50
P. 95

문항 분석 및 평가표

——> 문항 분석 : 괄호를 푼 값은 괄호 안의 두 번째, 세 번째 수의 합을 첫 번째 수로 나눈 값입니다.

——> 평가표 :

정답 틀림	0점
정답 맞음	5점

정답 및 해설

——> 정답 : 7

——> 해설 : (2, 4, 10) → (4 + 10) ÷ 2 = 7
(3, 9, 3) → (9 + 3) ÷ 3 = 4
(8, 16, 48) → (16 + 48) ÷ 8 = 8
위와 같은 규칙을 가지고 있기 때문에 (6, 30, 12) 를 풀면 다음과 같습니다.
(6, 30, 12) → (30 + 12) ÷ 6 = 7

점수에 따른 성취도 등급

등급	1등급	2등급	3등급	4등급	5등급	총점
평가	40 점 이상	30 점 이상 ~ 39 점 이하	20 점 이상 ~ 29 점 이하	10 점 이상 ~ 19 점 이하	9 점 이하	52 점

· 총 12 문제입니다. 각 평가표에 있는 기준별로 배점을 했습니다. / 단원 말미에서 성취도 등급을 확인하세요.

문 01 P. 98

문항 분석 및 평가표

——> 문항 분석 : 온난화 현상에 따라 우리나라 기온도 점점 아열대 기후로 변해가고 있습니다. 문제를 풀어보면서 온도와 불쾌지수에 대해서 알아보도록 합시다.

——> 평가표 : (1)

정답 틀림	0점
정답 맞음	4점

(2)

정답 틀림	0점
정답 맞음	6점

정답 및 해설

——> 정답 : (1) 바람의 세기, 습도, 일사량, 자신의 기분, 운동량, 옷차림

(2) 기온이 30 ℃, 습구온도가 25 ℃ 이므로 불쾌지수를 구하는 식에 넣어보면 다음과 같습니다.

0.72 × (30 + 25) + 40.6 = 80.2

· 불쾌지수가 80 ~ 83 사이의 수이므로 우리나라 사람의 50 % 정도가 불쾌감을 느낀다고 할 수 있습니다.

문 02 P. 100

문항 분석 및 평가표

——> 문항 분석 : 우리나라는 '고인돌 왕국' 이라는 표현으로 불리는데 그 이유는 세계의 고인돌 중 30 ~ 40 % 가 우리나라에 있기 때문입니다.

——> 평가표 : (1)

제시한 답이 타당하지 않음	0점
제시한 답이 타당함	5점

(2)

제시한 답이 타당하지 않음	0점
제시한 답이 타당함	5점

정답 및 해설

——> 정답 : (1) 수십 톤의 돌을 들어서 올리는 방법은 없었을 것입니다. 여러 사람들이 힘을 모아서 받침돌 두 개를 세운 후, 주변을 모두 모래나 흙으로 쌓습니다. 그렇게 하면 언덕이 생겨서 들어 올리지 않더라도 경사로를 끌어서 덮개돌을 올릴 수 있었을 것입니다.

(2) 왼쪽의 사진에서는 원 모양의 구멍과 사각형 모양의 돌을 발견할 수 있고, 오른쪽 그림에서는 삼각형 모양의 돌을 발견할 수 있습니다.

문 03
P. 102

문항 분석 및 평가표

——> 문항 분석 : 리그전, 토너먼트전은 전 세계적으로 가장 많이 활용되는 순위 정산 방식입니다. 어떠한 형태로 진행되는지, 각각 몇 경기를 해야 할지를 생각해보도록 합니다.

——> 평가표 : (1)

정답 틀림	0점
정답 맞음	5점

(2)

정답 틀림	0점
정답 맞음	5점

정답 및 해설

——> 정답 : (1) 7 경기

(2) 리그전은 모든 팀이 공평한 수의 게임을 할 수 있다는 장점이 있지만, 참가 팀의 수가 많아질수록 시행해야 하는 경기 수가 너무 많아지고, 동률이 나올 수 있다는 단점이 있습니다. 토너먼트전의 경우 경기 수가 적고, 순위가 확실하게 정해지는 장점이 있지만, 같은 팀이더라도 대진표에 따라 순위가 크게 변동될 수 있는 약간의 운적인 요소도 포함하고 있다는 단점이 있습니다.

——> 해설 : (1) 본선 32 강은 4 팀이 리그전으로 경기하므로 3 경기를 합니다. 16 강부터는 토너먼트전으로 경기가 진행되므로 16 강에서 1 경기, 8 강에서 1 경기, 4 강에서 1 경기, 3, 4 위전에서 1 경기를 해서 총 7 경기가 진행됩니다.

문 04
P. 104

문항 분석 및 평가표

——> 문항 분석 : 한쪽 눈만 뜨면 양안 시야를 이용할 수 없기 때문에 거리감을 제대로 느낄 수 없습니다. 실제로 눈을 감고 두 검지를 맞닿게 하는 것은 쉽지 않습니다.

——> 평가표 : (1)

정답 틀림	0점
정답 맞음	4점

(2)

정답 틀림	0점
정답 맞음	6점

정답 및 해설

——> 정답 : (1) 눈 사이의 거리는 일정합니다. 따라서 아래와 같이 멀리 있는 물체를 볼수록 광각의 크기는 작아지게 되고 가까이 있는 물체를 볼수록 광각의 크기는 커지게 됩니다.

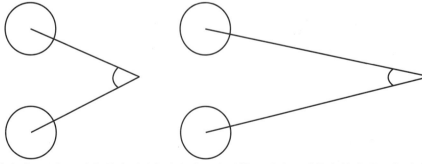

(2) 초식동물은 주위를 항상 감시하면서 맹수의 위협 등에서 조심해야 하기 때문에 전경 시야를 가지고 있는 것이 유리합니다. 반대로 육식동물의 경우 정확한 거리감, 입체감을 이용해서 먹잇감을 확실하게 잡아야 합니다. 따라서 넓은 양안 시야를 가지고 있는 것이 유리합니다.

문 05
P.106

문항 분석 및 평가표

——> 문항 분석 : 무게를 잘 버틸 수 있는 구조로는 아치형 구조 외에도 대표적으로 허니콤 구조가 있습니다.

——> 평가표 : (1)

정답 틀림	0점
정답 맞음	4점

(2)

정답 틀림	0점
정답 맞음	6점

정답 및 해설

——> 정답 : (1) 아치형 구조를 이용해서 만든 돔형 천장은 일반적인 천장에 비해 훨씬 많은 무게도 버틸 수 있습니다. 흔히 말하는 평발인 사람을 제외하면 우리의 발바닥도 아치형 모습을 띠고 있습니다. 이는 평발인 사람에 비해 걸을 때 받는 충격을 쉽게 분산시켜 몸에 무리를 덜 가게 만들어 줍니다.

(2) 영재, 상상, 알탐, 무한

——> 해설 : (2) 세로로 쥐어서 깰 수 있는 사람은 1 명이므로 이 사람이 가장 악력이 셉니다. 세로로 깰 수 있는 사람은 가로로도 깰 수 있으므로 상상이는 2 등이 됩니다. 무한이가 가장 약하므로 정답을 구할 수 있습니다.

문 06
P.108

문항 분석 및 평가표

——> 문항 분석 : 마인드맵은 대표적인 정리기법 또는 암기기법으로 불립니다.

——> 평가표 : (1)

정답 틀림	0점
타당한 마인드맵을 그림	5점

(2)

정답 틀림	0점
제시한 답이 타당함	5점

정답 및 해설

——> 정답 : (1)

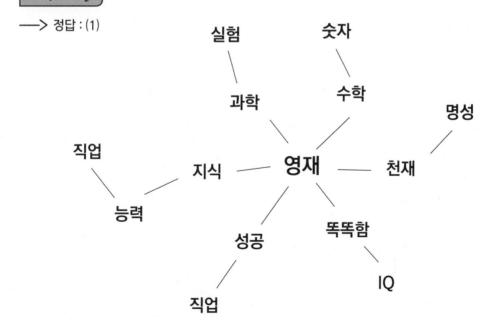

—→ 정답 : (2) 1. 연속된 숫자를 기억하려 할 때, 3 ~ 5 개 정도씩 끊어서 묶음으로 외우면 훨씬 쉽게 숫자를 기억할 수 있습니다.

2. 어떠한 것을 외우려고 할 때, 내가 쉽게 떠올릴 수 있는 장소나 물건을 연상하면서 외우면 좀 더 쉽게 외울 수 있습니다.

문 07
P.110

문항 분석 및 평가표

—→ 문항 분석 : 길이를 측정하는 단위에 대해서 알아두도록 합니다. 지문에 설명된 단위 외에도 많은 단위들이 있습니다.

—→ 평가표 : (1)

정답 틀림	0점
정답 맞음	5점

(2)

정답 틀림	0점
제시한 답이 타당함	5점

정답 및 해설

—→ 정답 : (1) 1 분에 250 m 를 달렸습니다.

(2) 마라톤의 경우 순위 간의 차이가 10 분 이상이 나기도 하기 때문에 굳이 소수점 아래까지 측정을 할 필요가 없습니다. 하지만 100 m 달리기나 스케이트, 수영과 같은 경기는 순위 간의 차이가 굉장히 치열하기 때문에 소수점 아래까지 측정하지 않으면 대부분의 선수들이 동률이 나오게 됩니다. 따라서 소수점 아래까지 측정을 하는 것입니다.

—→ 해설 : (1) 2 시간 40 분은 160 분이고, 40 km 는 40,000 m 입니다. 40,000 ÷ 160 = 250 이므로 이 마라토너는 평균적으로 1 분에 250 m 라고 할 수 있습니다.

문 08
P.112

문항 분석 및 평가표

—→ 문항 분석 : 세계의 자원은 한정적이기 때문에 인구의 증가는 언제나 큰 관심거리 중 하나입니다.

—→ 평가표 : (1)

정답 틀림	0점
정답 맞음	6점

(2)

정답 틀림	0점
제시한 답이 타당함	4점

정답 및 해설

—→ 정답 : (1) ① ㄱ. 541.6 %   ㄴ. 10.3 %   ㄷ. 17.6 %

② 인구 증가율은 점점 줄고 있습니다. 언뜻 2030 년 대비 2050 년의 인구 증가율이 2019 년 대비 2030 년의 인구 증가율에 비해 높아 보이지만 걸린 시간이 2 배이므로 증가율은 점점 낮아진다고 볼 수 있습니다. 2050 년 후에도 인구는 늘겠지만 그 증가 폭은 점점 줄 것이고, 더욱 지나면 우리나라처럼 인구가 점점 감소하는 때도 올 것이다.

(2) 우리나라는 점점 출산율이 낮아지고 있는 추세이기 때문에 인구 증가율도 따라서 감소하는 것이지만, 개발도상국들에서는 출산율이 늘어나고 있는 추세이므로 이러한 현상이 발생합니다. 또한, 평균 수명이 점점 늘어나고 있다는 것도 영향을 줄 수 있습니다.

⟶ 해설 : (1) ㄱ. {(77 − 12) ÷ 12} × 100 = 541.6

ㄴ. {(85 − 77) ÷ 77} × 100 = 10.3

ㄷ. {(100 − 85) ÷ 85} × 100 = 17.6

문 09
P. 114

문항 분석 및 평가표

⟶ 문항 분석 : 우리가 차나 지하철에서 앞으로 가는 것을 느끼지 못하는 이유는 관성이라는 성질 때문입니다.

⟶ 평가표 : (1)

정답 틀림	0점
정답 맞음	5점

(2)

정답 틀림	0점
제시한 답이 타당함	5점

정답 및 해설

⟶ 정답 : (1) 360 ÷ 24 = 15(˚)

(2) 우리가 기차나 지하철을 탈 때, 처음에 출발할 때는 앞으로 가고 있다는 것을 느끼지만 일정 시간이 지나서 일정한 속도에 이르면 그것을 느끼지 못합니다.

문 10
P. 116

문항 분석 및 평가표

⟶ 문항 분석 : 칠교놀이는 도형을 이해하는 데 큰 도움을 줄 수 있는 기본적인 놀이 방법입니다.

⟶ 평가표 : (1)

정답 틀림	0점
정답 맞음	4점

(2)

정답 틀림	0점
정답 맞음	6점

정답 및 해설

⟶ 정답 : (1) 4 : 2 : 1

(2)

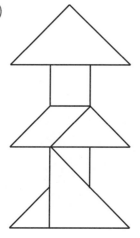

──> 해설 : (1) ③ 번 도형을 2 개 붙이면 ② 번 도형을 만들 수 있고 ② 번 도형 2 개로는 ① 번 도형을 만들 수 있습니다. 따라서 ③ 번 도형의 넓이가 1 이라면 ② 번 도형의 넓이는 2 이고, ① 번 도형의 넓이는 4 입니다.

문 11

문항 분석 및 평가표

──> 문항 분석 : 우리가 흔히 쓰는 10 진법으로 쓰여진 수 뒤에는 (10)을 굳이 쓰지 않습니다. 우리가 10 진법을 쓰는 이유 중 하나는 우리의 손으로 10 까지 셀 수 있기 때문이기도 합니다.

──> 평가표 : (1)

정답 틀림	0점
정답 맞음	5점

(2)

정답 틀림	0점
정답 맞음	5점

정답 및 해설

──> 정답 : (1) $(4 \times 25) + (3 \times 5) + (1 \times 1) = 116$

(2) 12 진법은 우리가 연, 월을 세는 데 활용됩니다.

60 진법은 시계에서 시간과 분을 세는 데 활용됩니다.

──> 해설 : (2) 15 개월은 1 년 3 개월로 해석됩니다. 따라서 12 진법이라고 할 수 있습니다. 88 분은 1 시간 28 분으로 해석됩니다. 따라서 60 진법이라고 할 수 있습니다.

문 12

문항 분석 및 평가표

──> 문항 분석 : 수학은 이처럼 전기 기계를 다루는 데에도 유용하게 쓰입니다.

──> 평가표 : (1)

정답 틀림	0점
정답 맞음	6점

(2)

정답 틀림	0점
제시한 답이 타당함	4점

정답 및 해설

──> 정답 : (1) 총 건전지의 힘(전압) : 4.5 V

(2) 자전거나 자동차가 일정한 속도를 유지하기 위해서는 브레이크가 필요합니다. 물을 일정한 양만큼 내보내기 위해서 댐을 짓기도 합니다.

점수에 따른 성취도 등급

등급	1등급	2등급	3등급	4등급	5등급	총점
평가	96 점 이상	72 점 이상 ~ 95 점 이하	48 점 이상 ~ 71 점 이하	24 점 이상 ~ 47 점 이하	23 점 이하	120 점

· 총 8 문제입니다. 각 평가표에 있는 기준별로 배점을 했습니다. / 단원 말미에서 성취도 등급을 확인하세요.

문 13
P. 122

평가표

⟶ 평가표 :

타당한 답을 제시하지 못함	0점
타당한 답을 제시함	5점

풀이팁

⟶ 팁 : 생각할 수 있는 기본적인 도형으로 책을 만들었을 때, 생기는 문제점에 대해 생각해 봅니다.

출제자 예시 답안

⟶ 만약 책의 모양이 원이라면 책꽂이에 꽂아놓았을 때, 굴러서 떨어질 일이 생깁니다. 삼각형의 모양이라면 책을 세울 수 있으나 글을 일정한 문단으로 적지 못해서 가독성이 떨어지게 될 것입니다.

문 14
P. 122

평가표

⟶ 평가표 :

정답 틀림	0점
정답 맞음	5점

풀이팁

⟶ 팁 : 가장 시간이 적게 걸리는 사람이 모두를 데려다주는 것이 최적화가 아닐 수 있습니다. 다양한 방법을 시도해 보도록 합니다.

출제자 예시 답안

⟶ (1) A 와 B 가 함께 건너갑니다. (2 분)　　(2) A 만 다시 돌아옵니다. (1 분)
　　(3) C 와 D 가 함께 건너갑니다. (9 분)　　(4) B 가 다시 돌아옵니다. (2 분)
　　(5) A 와 B 가 함께 건너갑니다. (2 분)　　· 따라서 총 16 분이 걸리게 됩니다.

문 15
P. 122

평가표

⟶ 평가표 :

타당한 방법을 제시하지 못함	0점
타당한 방법을 제시함	5점

풀이팁

⟶ 팁 : 추가적인 학습 방법 등을 통하여 따라가는 방법을 찾도록 합니다.

출제자 예시 답안

——> · 나만의 추가적인 학습시간을 가져서 예습, 복습 등을 통하여 따라갈 방법을 찾아볼 것입니다.
· 수업내용을 어려워하는 친구들과 정보교환, 스터디 등을 통해서 함께 따라가도록 노력한다.
· 학습 방법이 나와 맞지 않다고 생각되면 선생님과의 의사소통 등을 통하여 최대한 빠르게 습득하도록 노력한다.

문 16
········
P. 122

평가표

——> 평가표 :

타당한 방법을 제시하지 못함	0점
타당한 방법을 제시함	5점

풀이팁

——> 팁 : 일정한 면적의 사람들만 세어본 후 전체 면적을 생각해서 대략적으로 몇 명이 왔을지 생각해보도록 합니다. 이러한 방법을 '페르미 추정법' 이라고 합니다.

출제자 예시 답안

——> · 일정한 면적의 사람들을 세어본 후에 전체 면적을 해당 면적으로 나누어서 대략적인 인원을 찾아보도록 합니다.
· 버스, 기차의 표 판매량과 주차장의 통계를 합산하여 대략적인 인원을 어림할 수 있습니다.
· 통화 이용량을 조사해보면 대략적인 인원을 어림할 수 있습니다.
· 웅성거리는 소리의 강도에 대한 자료를 통해 대략적인 인원을 어림해봅니다.

문 17
········
P. 123

평가표

——> 평가표 :

타당한 방법을 제시하지 못함	0점
타당한 방법을 제시함	5점

풀이팁

——> 팁 : 문제점은 방문한 사람들이 많은 양의 쓰레기를 버리고 간다는 점이므로 이 점에 대한 해결책을 제시하도록 합니다.

출제자 예시 답안

——> · 잘 보이는 곳에 간이 분리수거장을 설치합니다.
· 사람들의 의식을 깨워줄 수 있는 그림 또는 문구를 설치합니다.

문 18
········
P. 123

평가표

——> 평가표 :

정답 틀림	0점
정답 맞음	5점

풀이팁

⟶ 팁 : 처음으로 만나는 시간대와 마지막으로 만나는 시간대를 생각해서 횟수를 생각해보도록 합니다.

출제자 예시 답안

⟶ 시침과 분침은 각 시간대 사이에서 1 번씩만 만나고 정오(12:00) 에 한 번 더 만납니다. 01 시가 지나야만 처음으로 시침과 분침이 만나고 23 시 이전까지만 만나게 되므로 총 23 번 만나게 됩니다.

문 19
P. 123

평가표

⟶ 평가표 :

타당한 방법을 제시하지 못함	0점
타당한 방법을 제시함	5점

풀이팁

⟶ 팁 : 지구가 둥글다는 것은 여러 가지를 보면서 알 수 있습니다.

출제자 예시 답안

⟶ ・달에 지구의 그림자가 비춰지는 월식을 보면 지구가 둥글다는 것을 알 수 있습니다.
　　・배가 멀리서 들어오는 모습을 보면서 알 수 있습니다.
　　・북극성의 고도 차이를 보고 알 수 있습니다.
　　・높은 곳에 올라갈 때 시야가 넓어지는 비율이 달라지는 것을 보고 알 수 있습니다.

문 20
P. 123

평가표

⟶ 평가표 :

연관성 있는 답을 제시하지 못함	0점
연관성 있는 답을 제시함	5점

풀이팁

⟶ 팁 : 수학이란 과목과 연관 지어서 답변하는 것이 중요한 문항입니다.

출제자 예시 답안

⟶ 교사와 같은 수학과목과 관련된 직업을 위해 수학분야를 택하거나 수학은 대부분 확실한 정답이 있는 문제 들이 많기 때문에 수학이란 과목에 흥미를 느낀 것, 평소에 수학을 배우면서 관심 있어 하는 분야에 대한 정 보를 알아보고 관련된 대답을 할 수 있도록 합니다.

점수에 따른 성취도 등급

등급	상	중	하	총점
평가	30 점 이상	15 점 이상 ~ 29 점 이하	14 점 이하	40 점

· 아래의 표를 채우고 스스로 평가해 봅시다.

점검하기

단원	언어	수리논리	도형	창의적 문제해결력	STEAM (융합 문제)
점수					
등급					

· 총 점수 :   / 630 점

· 평균 등급 :

전체 점수 성취도 등급

등급	1등급	2등급	3등급	4등급	5등급	총점
평가	481 점 이상	361 점 이상 ~ 480 점 이하	241 점 이상 ~ 360 점 이하	121 점 이상 ~ 240 점 이하	120 점 이하	630 점
	대단히 우수, 영재 교육 절대 필요함	영재성이 있고 우수, 전문가와 상담 요망	영재성 교육을 하면 잠재능력 발휘할 수 있음	영재성을 길러주면 발전될 가능성 있음	어떤 부분이 우수한지 정밀 검사 요망	

스스로 평가하기

· 자신이 자신있는 단원과 부족한 단원을 말해보고, 앞으로의 공부 계획을 세워봅시다.

창의력과학 세페이드 시리즈 – 창의력과학의 결정판

무한상상

1F 중등 기초
물리(상,하), 화학(상,하)

2F 중등 완성
물리(상,하), 화학(상,하),
생명과학(상,하), 지구과학(상,하)

3F 고등 I   물리(상,하), 물리 영재편(상,하), 화학(상,하), 생명과학(상,하), 지구과학(상,하)

4F 고등 II
물리(상,하), 화학(상,하),
생명과학(영재학교편,심화편),
지구과학(영재학교편)

5F 영재과학고 대비 파이널
물리, 화학,
생물, 지구과학

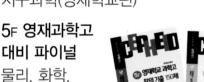 

세페이드
모의고사

세페이드
고등 통합과학

창의력과학 아이앤아이 I&I 시리즈 – 특목고 대비 종합서

창의력 과학 아이앤아이 I&I 중등   물리(상,하)/화학(상,하)/생명과학(상,하)/지구과학(상,하)

영재교육원 대비
아이앤아이 꾸러미

영재교육원 대비
아이앤아이 꾸러미
120제 -수학 과학

창의력 과학 아이앤아이 I&I
초등 3~6

영재교육원 완벽 대비서

I	**영재교육원 소개**	영재교육원은 어떤 곳이며, 영재교육원에 입학하기 위해 필요한 선발과정을 수록하였습니다.
II	**영재성 검사**	일반 창의성, 언어/추리/논리, 수리논리, 공간/도형/퍼즐, 과학 창의성의 총 5 단계를 신유형 문제와 기출문제 위주로 구성하였습니다.
III	**창의적 문제해결력**	지식, 개념 및 창의성을 강화시켜 주는 문제를 해당 학년 범위 내에서 기출문제/신유형 문제 위주로 구성하였습니다.
IV	**STEAM / 심층면접**	융합형 사고 기반 STEAM 문제와 심층면접에 대비하는 문제를 수록하였습니다.
V	**정답 및 해설 / 예시 답안**	각 문제에 대한 문항분석, 출제자 예시 답안, 해설을 하였고, 점수를 부여하여 스스로 평가할 수 있는 평가표를 제시하였습니다.